青少年探索世界丛书——

# 挖掘人类的生存能源

主编 叶 凡

合肥工业大学出版社

**图书在版编目(CIP)数据**

挖掘人类的生存能源/叶凡主编. —合肥:合肥工业大学出版社,2013.1
(青少年探索世界丛书)
ISBN 978-7-5650-1177-1

Ⅰ.①挖… Ⅱ.①叶… Ⅲ.①能源—青年读物②能源—少年读物
Ⅳ.TK01-49

中国版本图书馆 CIP 数据核字(2013)第 005444 号

### 挖掘人类的生存能源

叶 凡 主编      责任编辑   郝共达

| | | | |
|---|---|---|---|
| 出 版 | 合肥工业大学出版社 | 开 本 | 710mm × 1000mm 1/16 |
| 地 址 | 合肥市屯溪路 193 号 | 印 张 | 11.75 |
| 邮 编 | 230009 | 印 刷 | 合肥瑞丰印务有限公司 |
| 版 次 | 2013 年 1 月第 1 版 | 印 次 | 2022 年 1 月第 2 次印刷 |

ISBN 978-7-5650-1177-1        定价:45.00 元

# 目录

# 风力发电

当蒸汽机发明之后,人们逐渐不再使用效率较低的风能。到 19 世纪末期,跨海越洋的船舶早已为燃煤船舶所代替,风能已经显得老态龙钟了。可是当人类的历史进入 20 世纪之后,人们发现我们这个赖以生存的地球被破坏得太严重了。由于大量使用煤炭、石油等常规燃料,污染事件接连不断发生,大气中二氧化碳浓度明显增高,全球出现了严重的温室效应。另一方面,人类所使用的常规能源面临着枯竭的危险,在探索清洁能源开发的途径中,人们又将眼光投向了古老的风能。

最先使用风能发电的国家是北欧的丹麦王国,今天的丹麦已经至少安装了 2000 台风车,全国电力的 30%~40% 依靠风力发电来提供;而早已经成为风车之国的荷兰也大力开发风力发电装置,风力发电已经提供了该国所需电能的 20%。

2000 年出于对环境的考虑,德国总理施罗德宣布德国不再新建核电站,同时要用近 50 年的时间拆除一部分核电站。可是这巨大的能源缺口由谁来填补呢?如果完全使用常规能源,肯定行不通;如果完全放弃技术的发展,退回中世纪时代,人们同样不会同意。为了解决这个问题,德国人不得不依赖新能源,而风力起着至关重要的作用。这是因为,德国处于高纬度地区,阳光照射时间有限,太阳能可以大力发展,但是不能解决全部问题,而其他新能源技术还没有完全过关。因此德国的风力发电在三五年时间中增长了 10 倍以上,风能成为重要的新能源。

法国在发展风力发电时则主要考虑技术因素，它们研制的风力涡轮由3个大型涡轮叶片组成，每个叶片重量只有3千克。发展风力发电，法国人不但使用了最先进的风力发电设备，而且使用了最先进的特种材料。

风力发电在西方国家方兴未艾，截至1983年底，美国的风力发电总量已经可以为15万户家庭提供照明。而仅仅过了一年，这一数字则增加了3倍。现在，美国风力发电总量已经占到该国发电总量的10%，而且这一数字还在进一步增大。

在风能密度比较集中的地方，按一定的排列方式安装大量风力发电机发电的发电场叫风力田。美国加利福尼亚洲阿尔塔蒙特山口的风力田是世界上最大的风力田。在那里，有7.6万台风车在转动，风能随即转变成为电能，总装机量为67万千瓦。这片风力田的发电量，占美国风力发电总能的40%。

今天，风力发电不仅在发达国家中受到重视，在广大发展中国家也正在走向市场，走向生活。

北非有一个国家，由于它秀美的风景和卡萨布兰卡而闻名于世，这就是摩洛哥王国。在这样一个沙漠占大部分面积的国家里，风力发电起着极其重要的作用。在众多的山口前，摩洛哥人建立了许多风力发电站，世界上最大的风力发电厂就建立在那里。更为重要的是，摩洛哥在发展风力发电的时候，十分注意新技术的开发和利用。他们利用在航空工业使用的涡轮发动机原理制造了涡轮风力发电机，大大提高了风能的利用率。

# 水力发电

水能真正的巨大应用在于发电。水力发电、火力发电、核电是今天能源工业的三大支柱。最早的水力发电站于1882年建立在美国威斯康星州的阿普立顿市。这座水电站是将1827年法国人富尔内隆发明的水轮机与法拉第发明的发电机结合起来的产物。当时这座电站发出的电力并不强，但是它却是一个开创的信号，从此以后水电站如同雨后春笋一样遍地开花。到目前为止，水力发电站产生的电能已经相当于世界发电总量的23%。

水力发电的原理非常简单，它是利用上下游水位的差异造成的重力势能来发电的。一般为了获得较高的水位差，都要建设高高的大坝，利用大坝拦蓄洪水，然后放水发电。

目前我国正在建设三峡水电站，这座水电站一旦建成，将成为世界上发电量最大的水电站，其年发电量可以达到840亿千瓦时。

堤坝式水电站只是水电站的一种类型，还有一种水电站叫做引流式电站。这种电站可以将河水避开河流自身的弯曲直接引向下游，由此可以得到很高的水头，其中某些水头的高度在2000米以上。另外一种水电站是从一条海拔高的河向另一条海拔低的河中注水，利用两条河的高度差发电。这种发电方式的水头同样很高。在我国云南省就有这样一座电站，它从一条海拔很高的大江向金沙江中注水，得到了高度达到1700米的水头。

3

瀑布是一种非常壮观的自然景观。在瀑布中蕴涵着巨大无比的能量,利用瀑布发电可以非常容易地获得高效率的电能。

尼亚加拉大瀑布横亘在美国、加拿大边境线上,是世界最大的瀑布之一,每年都吸引着成千上万的游客。但是实际上,你所看到的大瀑布的水量只有总水量的1/4,这是源于一项保护措施。如果瀑布的水量太大,会造成瀑布下面的岩石崩塌,致使瀑布后退,时间长了就会使大瀑布消失。为了解决这个问题就要减少瀑布的水量。减少下来的水量并没有白白浪费,人们利用这些水能,建设了一座巨大的水电站,使瀑布的威力通过水电站变成了电能。

大型水电站存在着投资巨大,对环境可能有破坏的问题,因此一般都是由国家统一规划,并由国家投资、建设。小型水电站投资小,见效快,因此小水电的发展是非常迅速的。小水电与大水电的原理相同,但是做法各异。有同小水库配套使用的发电机组,也有通过工具直接利用水能的。小水电极大地缓解了骨干电网的承受量,在一些供电末梢地区起到了稳压和发电供电的作用。

水力发电

4

到1999年我国已经建设了9000多座小型水电站。全国已经有1500多个县建设了水电站。我国水能资源占世界第一位,开采量也占世界第一位,水力发电在我国的电力工业中处于主导地位,是大有可为的。

# 煤炭

　　如果居住在平房，几乎每个冬天都要用到煤。它是家庭在冬季取暖、做饭的主要能源。在工业上，煤炭更是不可或缺的能源。有人将煤炭称作黑色的金子，列宁则将煤炭称为"工业的粮食"。

　　煤炭之所以重要，这是因为在石油被大规模开采利用以前，其是整个能源工业的唯一柱石。人类历史上第一次与第二次工业革命都与煤炭有着不解之缘。瓦特发明的蒸汽机所使用的能源就是煤炭。而电力发电首先采用的是煤炭燃烧，火力发电的形式。

　　纵观煤炭的发展历史，可以自豪地说，中国人是煤炭的最早发现者与使用者。早在战国时代，煤炭就已经被中国人认识和利用。到了汉代，煤炭的应用更加广泛。三国时代，地处中原的魏国就已经开始大规模使用煤炭。在洛阳的铜雀台周围安放着至少 5 万千克的煤。在唐代、宋代，大面积开采的煤窑开始运营，煤炭开始走进了寻常百姓之家。明代科学家宋应星写的《天工开物》一书，已经详细介绍了古代开采煤炭的方法。

　　那时的采煤是先挖一个深度为几十米的竖井，然后在井下按照采煤点开挖巷道，分区作业，完成挖掘过程。

　　煤炭作为能源在古代使用了近千年。然而，煤炭的真正大规模应用却是在工业革命以后。当蒸汽机出现以后，煤炭作为"烧水"的主要能源，从此登上了近代化的舞台。从突突冒烟的工厂到飞驰而过的火车，还有那驰骋在汪洋大海上的舰队，早期使用的能源，没有一个能够离开煤炭。

煤炭是遥远历史时期生物的遗骸。千万年以前，郁郁葱葱的树木生长在古老的大地上。忽然一场大地震发生了，地壳发生了猛烈的变化，原来的大地变成了海洋，原来的平原变成了高山。那些郁郁葱葱的原始森林刹那间沉入了地下。地下温度极高，压力极强，但是那里几乎没有氧气，使被埋葬的森林不能燃烧。在高温高压下，氧和氮逐渐被分离出去，而碳却留了下来。又经过漫长岁月的变化，这些已经炭化的森林埋得更深。

就这样，不同种类的煤层形成了。有些地区森林的面积很大，林木茂盛，在这样的地区就形成了很厚的煤层，我国抚顺煤矿的煤层厚度可以达到上百米。而有些地方林木稀疏，煤层的厚度很薄，只有几米……

在煤炭的品质上，有些地区煤炭埋藏时间较短，形成了不易燃烧的褐煤。另外一些地区煤炭埋藏时间很长，绝大部分杂质被分离出去，只留下大量的碳质，这就形成了品质极佳的无烟煤。由于煤炭中含有极其丰富的碳元素，而且这一元素的纯度极高，一吨无烟煤燃烧以后释放的能量可以达到3360万焦耳，这一能量可以炼出生铁2吨。如此巨大的能量和丰富的含量，使得煤炭成为19世纪以前能源的霸主也就不足为奇了。

煤炭虽是功臣，但也有自己的问题。如燃烧时产生浓烟，燃烧后大量煤灰难以回收等等。19世纪末期，石油快速发展，作用迅速超过了煤炭。然而，当人类社会进入20世纪70年代的时候，煤炭突然又焕发了青春。首先，由于世界上石油分布过于集中，而煤炭的分布十分广泛便于使用。其次，由于石油被利用得太狠了，大约还有几十年的开采期，而煤炭的开采期还有上百年。目前，由于其他新型能源还处于研究开发阶段，煤炭就成为最好的过渡品种。再次，由于现在使用煤炭技术已有了巨大的进步，减少了污染，也直接刺激了煤炭工业的振兴。瑞典甚至计划在10年内用煤炭代替一部分石油，逐步实现能源自给。今天的煤炭技术都有那些改进呢？

# 石油

在今天的基本能源中,能够一统天下被称为巨无霸的非石油莫属。

石油是现代化社会的食粮,是今天不能缺少的核心能源。由于它,人类多次发生厮杀;由于它,世界经济甚至几度出现倒退。石油不仅仅是一种强大的能源,更是国际政治舞台上一个重要的砝码,下

面我们就来认识一下这位能源王国中的巨人。

石油是古代动物的遗体被埋藏在没有空气而压力、温度极高的地下,经过千万年的演化形成的。起初,这些石油只是一些油滴,在地下水和其他外力的作用下向一起聚集,最后形成了油田。

原来人们找油依靠的是经验,随着时代的发展,找油开始由经验型向理论型过渡。我国著名的地质学家李四光教授开创了地质力学,这门科学将地质学与物理学有机结合起来,为发现东北大庆油田起到了重大的作用。今天寻找石油,已经可以依靠卫星定位了。

石油是多种烃类(烷烃、环烷烃、芳香烃)的复杂混合物。其平均碳含量为 84%~87%，氢含量为 11%~14%。今天我们看到的汽油基本上是没有颜色的，但是实际上刚刚开采出来的石油不但有颜色，而且随着开采矿井的不同，颜色还很不一样呢! 比如在东北的大庆油田，那里开采出的石油颜色是棕黑色的; 而在新疆的克拉玛依油田，开采出的石油却是褐色的。

这些刚刚开采出的石油叫做原油，它们是不能直接用做燃料的。加工石油的方法主要是对石油加热。

当温度在 40~150 摄氏度时，就会分离出第一种油，这就是汽油。汽油的主要成分是烷烃。如果温度继续升高，当温度在 150~300 摄氏度时就产生了煤油，它的成分同样是烷烃。依次下去，就会产生柴油与重油，重油进一步分离又会得到润滑油和重油，最后还会得到固体石蜡和沥青。

这些物质不但可以用于做燃料，还可以用于化工产业。其中沥青可以铺路，石油燃烧后的黑烟，可以用来制造黑墨，这些黑烟居然还属于纳米材料呢。可以说石油浑身都是宝。

汽油的脾气暴躁，在燃烧过程中经常出现爆燃，这样不但影响汽车上内燃机的寿命，而且有时非常危险。为了解决这个问题，开始时，人们向汽油中加入铅，铅元素的存在使得汽油的抗爆性明显提高。但是铅元素有一个很大的缺点，那就是严重污染环境。能不能不加铅同时又保证汽油不爆燃呢?

在汽油中有一种叫做异辛烷的成分，这种成分在燃烧时，不会发生爆燃。汽油工业中，普遍认为如果某种汽油的抗爆性与异辛烷相同时，该汽油的标号就是 100 号，依次下推是 99 号、98 号、97 号……标号越高汽油的质量就越高。利用高标号汽油代替低标号汽油，可以提高汽油的抗爆性。

石油家族中的第二位就是煤油,煤油的应用比汽油要早许多年。那时煤油用于点灯,煤油灯风光了几个世纪。二十多年以前,当中国人还很不宽裕的时候,煤油依然是许多地区点灯的主要能源。

煤油除了点灯,还有一个更为重要的作用,就是做飞机燃料。煤油发热值很高,极高的发热值可以产生极高温度的燃气,燃气推动涡轮发动机做功,可产生强大的推进力,这样可以使飞机产生非常巨大的速度。当然这种煤油不是一般的煤油,而是颜色纯蓝的航空煤油。

石油家族的第三位就是今天应用极其广泛的柴油。柴油从着火点来说比汽油高,而且燃烧时易产生浓烟。但是一旦燃烧起来以后,其燃烧值与汽油相当,可价格比汽油便宜许多,因此柴油与汽油一样同样受到人们的青睐。一般柴油用于一些耗油量极大的地方,比如火车的动力源、轮船的动力源,以及需要长时间工作的农具等。

由于柴油的"价格性能比"比较好,所以各国对柴油的重视程度极高。欧洲国家研制出的新一代柴油机不但效率极高,而且没有油烟,污染极少。用这种柴油机驱动的汽车被称做环保汽车,它的污染程度与天然气、液化气汽车基本相当。

石油利用的历史十分漫长,早在中国的古代,就有发现石油、使用石油的纪录。在西周时代的古书《易经》中对石油就有记载。大约在东汉时代,今天甘肃酒泉一带的人们就已经使用石油做燃料来点灯了。到了南北朝时期,石油被当作武器首次使用于战场。当北方少数民族的军队进攻酒泉城的时候,守城军队兵士将石油倒在云梯上,然后点火焚烧。由于石油着火极其猛烈,迅速击退了来犯的敌军。

宋代是中国古代科学技术最为发达的时代,这个时代人们不但会使用石油,而且还能够炼制石油。由于北方的敌国长时间对宋朝构成威胁,宋朝的石油主要用于军事上。

石油这个名称,是由宋代伟大的科学家沈括命名的。沈括,是浙江杭州钱塘人,著有《楚溪笔谈》,记录了多种科学现象。这一时期石油的民间应用,是利用炼制石油时得到的石蜡做制作蜡烛的原料。

元代时,人们已知道使用石油提炼出的沥青补修破损的缸。

石油被发现的时间虽然久远,但是真正被广泛应用却是最近 100 年的事。随着汽车业的发展,石油的应用量与开采量与日俱增,到 20 世纪 70 年代,石油占世界能源总体的比例已经达到 78% 左右。

由于对石油的需求过大,致使石油资源面临枯竭。在这种情况下,科学家们采取了多种方法解决这个问题。第一种办法是扩大石油的找寻范围,开发各种品质的石油。目前人类在沙漠中、在大海中都建立了石油开采基地。我国的塔克拉玛干大沙漠中间地带就有一座大型油田。第二种方法则是人工制造石油,其中有些植物油经过加工就可以替代柴油。

# 石油微生物脱硫

中国科学院过程工程研究所研究员刘会洲等，利用一种革兰氏阴性菌——德氏假单胞菌 R-8 开展对石油微生物脱硫的研究，发现它对多种硫化物具有代谢能力，并通过固定化细胞的方式，进一步提高其脱硫活性，具有很好的工业脱硫应用前景。

汽油、柴油等石油产品，燃烧后排出大量的二氧化硫，是酸雨产生的主要原因之一。机动车尾气，即光化学烟雾型大气污染，更是我国城市大气污染的主要原因。目前，工业上广泛采用的加氢脱硫法（HDS）对带有取代基的二苯并噻吩（DBT）类杂环化合物的脱硫效率很低。相比催化加氢脱硫，微生物脱硫大幅降低设备投资、运行费用方面的投入，而且废液排放很少，更符合环保要求。

在微生物脱硫研究方面，中国科学院过程工程所已开展多年研究工作。为发展更好的生物脱硫方法，研究人员分别从我国南方和北方地区的气田、油田和煤田采集样品，通过初筛和多次复筛，得到 5 株高效 DBT 专一脱硫菌株。分类鉴定发现，筛选到的德氏假单胞菌 R-8，是革兰氏阴性菌。

刘会洲指出，国际上已报道的专一脱硫微生物，绝大多数属于革兰氏阳性菌。然而研究表明，它们在溶剂耐受能力方面不如革兰氏阴性菌，因此进行工业油品脱硫时，革兰氏阴性菌具有更好的应用前景。初步研究表明，德氏假单胞菌 R-8 能脱除含硫量为 261mg/L 的加氢脱硫柴油中72%的硫,对含硫量为1807mg/L的高含硫柴油的脱硫率可以达到77%。

然后,研究人员利用该菌株进行了DBT和46-二甲基二苯并噻吩——后者为加氢脱硫最难处理的化合物之一的生物脱硫实验。对代谢中间产物及终产物的分析发现,菌株R-8具有同时代谢多种含硫化合物的能力,依代谢能力高低,可广泛作用于46-DMDBT、DBT、二苯硫醚和苯并噻吩等。

他们又研究了各种环境条件对微生物活性和脱硫速率的影响,以及分散剂、助溶剂、破乳剂对微生物的毒性,从而优化反应条件,提高了脱硫速率。并在生物反应器内实现了对微生物的高密度培养。所建立的工艺,价廉、有效,而且可以大批量培养。

石油微生物脱硫

最后,刘会洲等采用固定化细胞的形式,进行DBT和高含硫柴油的脱硫实验;改进固定化方法和条件,进一步提高细胞脱硫活性。模拟实验显示,固定化细胞经过500小时以上使用,脱硫活性没有明显下降。实验证明,固定化细胞再生方便,是生物脱硫工业化的最佳选择。

为深化成果,研究人员从红平红球菌LSSE8-1和戈登氏菌LSSEJ-1中成功扩增得到了脱硫相关基因的片断,并进行了序列测定,

# 天然气

　　天然气虽然与石油生长在一起,但是实际上它与沼气是弟兄,因为它们的主要成分都是甲烷。天然气的形成与石油一样,同样是由于数万年前,动植物被深埋于地下,发生化学反应形成的。

　　由于天然气是气体,所以开采起来比石油容易许多。加之产石油的地方绝大多数都产天然气,这就使得天然气的开采更加方便。天然气无需加工,直接就能使用,它的密度小,容易压缩,容易运输,燃烧值比煤气高出一倍,所以天然气是一种极其优异的燃料。

　　2000 年开始,北京市的绝大多数公共汽车改造成了天然气汽车,同时大部分出租汽车也改装为天然气出租车。这使北京市汽车采用的能源结构发生了变化。而这一变化的原因何在呢?原来,由于经济的快速发展,轿车,尤其是私人轿车的数量急剧增加,造成了环境的污染,使北京市区的污染指数明显上升。为了可持续发展,市政府下决心整治北京的环境。将公共汽车由烧油改为烧天然气,就是重大的举措之一。天然气燃烧得比较完全,它所产生的污染远小于汽油、柴油燃烧以后产生的污染,对保护环境起到了非常重要的作用。

　　20 世纪 90 年代末期,我国建成了陕甘宁天然气进京工程,从此北京市民开始告别煤气,而开始使用天然气。为什么要置换成天然气呢?原来北京市使用的煤气,是化工厂和炼钢厂的下脚料,煤气的主要成分一氧化碳,一氧化碳不但污染环境,而且是一种非常危险的气体,它具有很强的毒性。如果一氧化碳泄漏到室内,会造成严重的中毒事故。北京就曾经发生过一次由于一氧化碳管道泄漏造成一栋楼的居民受害的严重事故。如果使用天然气,就不会发生这样的事故。由于天然气没有毒性,而且它的燃烧值比煤气高得多,所以使用天然气代替煤气将成为必然趋势。

天然气的储量比石油和煤炭都要丰富,在煤炭产地和油田附近都有天然气存在。有人做过计算,每开采一吨无烟煤,可以得到400立方米的天然气。而每开采一吨石油,可以产生1000~1600立方米的天然气。

我国天然气储量丰富,而且开发时间很早。为了煮盐,早在三国时代人们就开始使用天然气。清代的能工巧匠利用竹劈、钢铁制成钻头,可以打出深度达到200米的天然气井。解放以后, 由于帝国主义的封锁,再加上当时还没有发现大庆、胜利等大油田,所以石油非常短缺。那时候,北京、上海等地的公共汽车上面都安装着大气包。这些大气包车实际上就是早期的天然气汽车。改革开放以后,我国的天然气工业有了巨大的发展。1996年南海崖城天然气田正式

投入使用,该田是目前世界上较大的气田,总储量高达1000亿立方米,年产天然气34亿立方米。这些天然气主要供给香港特别行政区使用。陕甘宁天然气进京工程中的天然气田总储量达到2280亿立方米,是世界级大气田。

欧洲天然气开采使用时间较长, 目前在挪威附近的大海上发现了一座总容量达到1.3万亿立方米的超级大气田,这一气田开产的天然气足可以满足欧洲国家使用。

# 电能

我们使用的能源有两种,一种叫做一次能源,这种能源无需加工就可以直接使用,比如像石油、煤炭。另外一种则是必须先经过加工,然后才能使用的能源,比如氢气和电能。电能不但是一种良好的二次能源,而且也是一种良好的能量传播方式。由于电能的利用,人类社会在经过工业革命一百年后又迎来了第二次工业革命,今天绝大部分能量是通过电能传送的,绝大部分机械使用电能。

人类发现电已经是很早以前的事情了。古代人发现用于做装饰品的琥珀非常容易脏,东汉著名思想家王充的著作《论衡》中就提出了"琥珀拾芥"的观点。琥珀为什么会吸引轻小物体呢,这是由于琥珀非常容易得到或者失去电荷,从而会在静电的作用下吸引轻小的物体。但是古代的人们无法解释这种现象,后来西方科学家将其命名为 electisity,也就是琥珀现象。

对于电,中国古人认识它是从雷电开始的,电的繁体字是"電",其来源就在于此。无论是琥珀现象还是雷电现象,古人最早并没有想到这些现象具有一定的能量,更没有想到利用这种能量。

与此同时,人们又发现了一种同样神奇的现象,那就是用梳子梳头时,会出现劈啪的响声。在穿脱衣服时,同样会出现响声,而且有时还会出现火星。美国著名物理学家富兰克林认为这与雷电是一回事。1752年7月中,在一个漆黑的雨夜,富兰克林向天空放出一个风筝,风筝与线下面的钥匙以一根铜线相连,结果在钥匙处发出了火花,这个实验证明了地上的电与天上的电是一回事。

1820年丹麦物理学家奥斯特在试验中发现通电导线可以使得小磁针发生转动,从此人们发现了电能的巨大作用。但是遗憾的是,当时人们所掌握的发电方法仅仅是通过伏打电堆获得电能。

能不能获得巨大的电能呢?当时的人们将这一切寄希望于磁场能够产生电能。但是不幸的是在这之后的10年间,所有相关的实验都以失败而告终。直到1831年这个问题才被英国科学家法拉第解决。法拉第数十次研究电磁现象,呕心沥血。在一次实验中,法拉第终于发现运动的磁场能够产生电流,从此机械能可以直接转化成电能。法拉第设计了世界上第一个手动发电机模型。但是发电机必须使用其他的能量才能驱动它,使用什么能源呢?法拉第认为应该用马。

1844年英国制造出了世界上第一台具有实用价值的发电机,从此电能开始走进人们的生产生活之中。1845年英国工程师对老式发电机进行了改进,他们将原来使用的永磁铁改为使用电流的电磁铁,由于电磁铁产生的磁感应强度远远高于永磁铁,这使发电机的效率明显提高了。1872年德国工程师又一次对发电机进行了改进,至此,发电成本费用明显下降,强大的能量终于可以为人类服务了。

1882年美国著名发明家爱迪生建造了世界上第一座火电站,同年第一座水电站在美国建成,从此电力成为一种工业,登上了能源的舞台。后来,爱迪生这位世界发明史上的奇才发明了电灯,从此,从工厂的机器到居民生活使用的电灯,没有一样能够离开电。当爱迪生逝世的时候,美国曾经建议全国停电一分钟哀悼。这时候人们才发现,电不用说停一天,就是一分钟也不行。

电力之所以如此受到人们的青睐,这是因为它本身有许多其他能量不具备的优点。

第一，电动机的转换效率极高，一般的热机工作效率只有30%左右，而电动机可以达到90%。如果我们采取一些先进的发电方式，总体效率可以大大超过热机的效率。

第二，电的输送比其他能源方便得多。如果输送煤炭，必须建立铁路、公路，而且需要大量的交通工具，这样就会增加成本。而输送电能，只需要建立输变电站就可以了。除了前期铺线需要消耗一部分人力、物力之外，其余时间几乎无需看管，节省了大量的人力物力资源。而且输电导线可以建得很长，这样可以解决能源供应地与能源使用地相距遥远的问题。

电力带来了人类历史上第二次工业革命，它让世界改变了面貌。伟大的革命导师列宁曾经说过："什么是共产主义，就是苏维埃加电气化。"由此可见电力工业的重要地位。

从另外一个方面，我们也可以看到电力的重要作用。1965年11月9日，一条横跨美国和加拿大的输电线路发生了故障，结果使得其他一些地区与之并联的输电线路负荷猛增，那些线路也纷纷掉闸。这样一来，整个电力系统出现了雪崩式效应，几百公里范围内的电力网彻底崩溃，造成美国东部八个州与加拿大的两个省供电彻底中断，这一切正好发生在下班的繁忙时刻，结果在美加两国造成重大灾难。人们被关在电梯中、地铁车厢里；医院停电，致使对病人的监护中断，手术无法进行；交通信号停止，交通陷入混乱；工厂供电中断，钢水凝固……这次停电事故造成了重大的经济损失，甚至造成了人员的伤亡。电力已经成为现代社会的基础，它是现代化的基本食粮。

# 氢经济

法国科幻小说鼻祖凡尔纳曾在小说中预言，有朝一日社会将被以氢为基础的能源彻底改造。这种重量很轻的气体是宇宙中最丰富的元素，它能够从水中提炼；它出奇地洁净，燃烧时排放的基本上是纯净的蒸汽。当被输入到产生电力的燃料电池中时，它有空前的转换效率——氢气的能源转换效率要比石油高一倍。随着石油资源的日益枯竭，一种以氢能源为基础的经济开始展露在人们面前。

## 氢经济成了下金蛋的鸡

事实上，以氢为能源的燃料电池有希望解决我们所面临的几乎每一个能源问题。它的基本原理是利用氢气和氧气发生化学反应产生电能。这一反应的唯一产物是水，因此具有能量效率高、洁净、无污染、噪音低的特点，而且在使用上既可集中供电，也适合分散供电。随着我们放弃矿物燃料使用以氢为基础的能源将意味着全球气候变暖的压力的减轻。而把燃料电池应用在车辆驱动上是氢经济发展的一个关键领域，被称为是汽车工业面临的第二次革命。

预计今后两年，以氢动力燃料电池为基础的产品的第一次浪潮将冲击市场，其中包括以燃料电池为动力的轿车和大轿车，以及用于商业大楼和住宅的小型发电机。

在不远的将来，燃料电池汽车将成为氢经济的主力军。实际上，汽车工业在这门新技术方面的投资遥遥领先。6年前，福特和戴姆勒—奔驰，即现在的戴姆勒—克莱斯勒公司采取了震惊竞争对手的行动，投入7.5亿美元与Ballard公司组建一个合资企业，为的是到2004年生产燃料电池汽车。通用汽车公司和丰田公司也不甘落后，在追求同一目标方面联手。

一旦燃料电池市场开始起飞，其影响可能会滚雪球般地增大。汽车中的燃料电池既可以用于运输，也可以在停车时发电输入到电网中。这种双重用途的"超级轿车"所产生的好处大概是比传统的汽车省钱，从而使石油被氢取代的进程加快。石油在今后的时代中仅可以起到微薄作用，有能源专家打趣地说："它主要适用于支撑地面。"

## 氢经济仍在"早春的寒意中打转"

然而，像所有带来彻底变革的间断性技术一样，氢革命必须克服严重的障碍才能普及。最大的障碍是成本：燃料电池价格很高，只能用于最有利可图的方面，在实现规模经济之前，情况很可能会依然如此。类似地，对于大规模地生产和运送氢气所需要的基础设施进行全面建设将耗费几十年时间和几百亿美元。因此，如果说氢经济迎来了春天，那么它现在还在早春的寒意中打转。

氢经济发展的瓶颈使作为主要产品的燃料电池汽车迟迟不能大批量投入生产。这主要是面临着三个课题：第一，氢气的来源问题；第二，氢的储备运输问题；第三，价格问题。

首先，关于氢源问题，提取它的技术要求是安全、有效。目前主要有两种方法获取氢,一是纯氢,当然需要在各路段建数量庞大的加氢站,另一类是用甲醇或汽油重整制氢,但技术还需进一步完善。第二个问题是关于氢气的储存和运输,人们担心氢气在运输中会爆炸。

此外,一个装满的燃料电池汽车只能行驶约180公里,需要在路上设立像加油站那样的氢气站,而这不是几个厂家自己所能做到的。遍布各地的氢气站的投资是极其庞大的。正因为这样,世界各大汽车厂商在开始阶段投入市场的燃料电池车数量并不多,它们中最多的一年也只有百八十辆。

燃料电池车不能立即推广,最重要的原因还在于它的成本还未达到最理想的点。据日本的汽车生产厂家说,到2003年上的燃料电池汽车车价仍将在8万美元左右,相当于最高档小轿车的价格。显然,这种价格难以普及。

德国戴姆勒—克莱斯勒股份公司轿车发动机开发部主任曼弗雷德·福特纳格尔说,燃料电池的效率在某些方面已明显优越于内燃机,但是要在10年内做到大批生产并进入市场还面临技术上的挑战。柴油和汽油发动机技术仍有较大的改进余地,油耗和二氧化碳的排放都可以进一步降低,因此一时难以被取代。福特纳格尔认为,2004年可小批量地出售燃料电池汽车,逐步打开市场,大批量生产燃料电池车要做到经济上有竞争力还需要10年时间。

# 氢经济能否进入快车道

我们能够使氢经济进入快车道吗?氢专家虽然习惯于从几十年而不是几年或几个月的角度思考,但也已经在仔细考虑这个问题,他们的答案可以概括为"是的"。

氢的一个主要来源是立即可以获得的:天然气,即甲烷。它已经被普遍加工成氢,用以制造塑料、"加氢"植物油以及另外一些产品。以这种方式制造氢并非完全有利于环境——重整甲烷过程产生的二氧化碳是全球变暖的罪魁祸首。但这样做对于战略却十分有利:今天美国所消费的99.5%的甲烷都在美国和加拿大生产;此外,一些能源和化工公司在美国和欧洲经营有限但分布很广的氢基础设施,包括管道、存储终端、气罐卡车与重整设备。这种资产代表着一种氢经济的启动装置。要助推启动这个过渡阶段,第一件需要做的事情是装备加气站,以便为即将上市的以氢为动力的汽车提供燃料。

美能源部国家可再生能源实验室的骨干科学家特纳说,装备氢经还需要产业或政府投入比较多的资金,以加快低成本、大批量的燃料电池生产。他解释说,这门技术面临着经典的鸡与蛋孰先的问题:为了与活塞发动机竞争和实现大批量的商业化,这门技术的成本起码必须降至原来的十分之一。这是可能发生的,但大概不会在没有大批量生产所带来的成本节约的情况下发生。

总之,提取和保存氢的技术涉及了碳纳米管、合金等一系列的前沿科技。如今有关技术的研究,每天都有新的发现和进展,这使燃料电池车等氢产品的价格日趋普通产品。专家预计,这些新技术发展所积累的能量将会在今后几年里逐渐释放出来。比如,一旦这些技术使燃料电池车开始赢利,那么它的产量将会大增,大批量生产又会使燃料电池车的成本进一步下降,从而形成滚雪球效应。

# 氢分子随水入"冰笼"

氢能是理想的安全无污染可再生能源，但使用氢能的最大难题之一是如何将氢储存在汽车等车辆上。迄今为止，还没有一种方法能很好地解决这一问题。不过氢能的利用情况最近似乎出现了转机。美国华盛顿卡内基研究所的温迪·麦克和她的同事发现，在足够高的压力下，氢分子可以压缩进用冰做的"笼子"内。

氢不像甲烷等分子较大的气体，可以"关押"在"冰笼"里，由于氢分子太小，很容易在"冰笼"内进进出出，因此难以"关押"。不过实验证明，如果压力足够高，氢分子能够成双成对或4个一组地被装进"冰笼"中。

为产生冰的"笼形物"，研究人员把氢和水的混合物加压到2000个大气压。开始时，氢和冰是分离的，且氢在冰的周围形成了气泡；但当温度下降到零下24摄氏度时，水和氢就融合成了"笼形物"。

卡内基研究小组的成员之一霍旺冒(音译)说，一旦"笼形物"形成，就能用液氮作为冷却剂在低压下储存氢。目前，氢能汽车必须用液态氢，而液态氢必须在零下253摄氏度的极低温下储存，这就需要复杂昂贵的液氮冷却系统。

相反，液氮是便宜且取之不尽的冷却剂，同时液氮对环境也不会造成污染，因此，用液氮储存氢具有良好的发展前景。

用"冰笼"储存氢作为能源，燃烧后的唯一产物是水。最近，美国匹兹堡大学的一个研究小组报道了用光把水分解成氢和氧的重大突破。

科学家用经改良的二氧化钛作为催化剂涂层涂在半导体芯片上，研究发现，当使二氧化钛在天然气火焰中蒸发时，火焰中某些碳原子会进入二氧化钛，这使利用光化学方法分解水的效率提高到11％，即比以前的效率增加了10倍，这最终可能促进一种用太阳能直接生产氢燃料的方法诞生。

这两项研究成果使人类向广泛使用氢能的目标前进了一大步。科学家认为，氢在"笼子"中冷藏储存可能是自然界始终存在的事情。天文学家曾经指出，小行星、彗星以及木星的多冰卫星等小型天体可能损失了曾经含有的氢，现在看来，这些天体上的冰中可能隐藏有大量氢，将来的某一天，人类甚至可能用这些氢作为星际间旅行的火箭燃料。

氢分子

$H_2$的比例模型

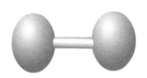
$H_2$的球棍模型

# 人造微生物

美国科学家克雷格·文特尔和汉密尔顿·史密斯目前正率领一个研究小组利用人工方法制造微生物，并计划利用这种微生物作为高效的储氢材料。这种人造微生物的特别之处在于，它并不存在于目前的自然界中，科学家们仅仅在其体内植入了仅够维持其生命的必需基因，因而其体内的基因数目已知生物中是最少的。

领导这项研究的文特尔和史密斯都是美国著名名生物学家，前者因支持利用鸟枪测序法对人类基因组进行测序而蜚声全球，后者则是1978年诺贝尔生理学(或医学)奖得主。

在这项计划中，研究人员将利用基本化学物质来合成生殖支原体(Mycoplasma genitalium)细胞中唯一染色体的 DNA，然后利用放射方法杀死其遗传物质，并利用人工制造的 DNA 来取代它。生殖支原体细胞的酶和 RNA 的功能将得到保留，使其整体的基因结构将是人工合成的。

这项研究与转基因技术有根本的区别。前者是用完全人工合成的基因组代替天然的基因组；而后者是从天然存在的基因组中剪切掉一个基因，或在其中移植入另一种生物的某个基因。

文特尔说，他们的计划只不过是他和其他科学家 1995 年在马里兰州罗克维尔进行的研究的继续。当时，科学家们为一种名为生殖支原体的细菌进行了测序。生殖支原体是已知的最简单、基因组最小的微生物，它只有一个染色体、517 个基因，而人类的每个细胞中有 23 对染色

24

体，约有 3 万个基因。在逐步确定生殖支原体内一些并非必需的基因后，科学家们开始系统地减少其体内的基因数目，并希望以此确定生殖支原体的生命存在究竟需要多少基因。1999 年，科学家发表报告将数目限定在 265 至 350 之间。

文特尔表示，这项研究的目的是为了"构建"一种能够用来制作氢燃料的细菌，或者一种能够吸收和存储二氧化碳的微生物。他认为，他们的研究将使科学家能够在分子水平上了解到，单个细胞究竟最少需要多少基因才能完成生长和繁殖过程以及如何利用人工方式制造基因。文特尔和史密斯的研究得到了美国能源部提供的一笔总额为 300 万美元的资助。

文特尔承认，这项研究涉及的技术，从理论上来说有可能用于制造新的致病细菌，甚至用于研制生物武器。另外，人工制造新生物的研究是否符合科学伦理，在一些科学家中也引起争论。但文特尔声称，他们将慎重考虑该公布哪些研究细节，而且在实验中也会采取特定措施，例如去除与生殖支原体感染人类能力相关的基因，以确保研究的安全性。

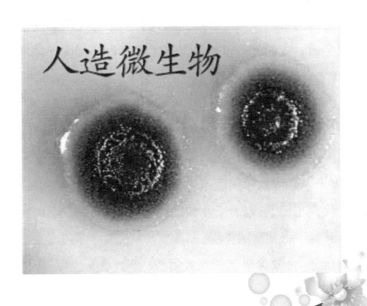

人造微生物

# 新型能源二甲醚

从可持续发展的战略角度出发,作为对石油资源的补充,开发二甲醚工业,合理、有效利用能源,对我国能源安全来说具有十分重要的战略意义。煤炭直接燃烧排放的大量的硫化物、氮氧化物、烟尘和二氧化碳,是我国目前的主要污染源。据有关资料显示,我国有80%的煤直接燃烧,每年因煤直接燃烧排放的二氧化硫已达2000万吨,产生了大量的烟雾、酸雨。城市汽车尾气的大量排放对城市空气也造成了严重的污染。石油炼制的油品虽然比较清洁,但我国石油资源已不能满足需求,并且随着石油资源逐渐转向深层开采,质量不断降低,含硫量不断上升,给炼制高质量油品带来很大困难。二甲醚作为燃料,可以在保证我国能源安全的同时将环境危害降到最低。如果在二甲醚内燃机技术上早日实现突破,我们就可以跳出汽车工业严重依赖国外技术圈子的状况,取得我们自己的优势,创立自己的品牌。特别是我国承办2008年奥运会,以二甲醚作为汽车燃料,具有很大的优势。

从市场前景看,据中国工程院院士清华大学教授倪维斗分析预测,近五年内二甲醚将有500～1000万吨的市场需求。二甲醚的生产和应用,是我国未来能源技术实现跨越式发展比较有前途的领域;可以带动我国新一代汽车工业、电力工业和民用燃料工业的发展,对我国经济的全面发展具有不可估量的作用。

可以设想,将我国丰富的煤炭资源,特别是高硫煤,转化为清洁的二甲醚燃料,用油槽车罐装运送到资源贫乏地区,那么城市马路上跑的是几乎对环境没有污染的公共汽车、轿车和卡车,居民家里的灶具、热水器用的是罐装或管道运输的洁净二甲醚燃料,电厂大型燃气轮机和民用小型发电机用的也是高效、洁净的二甲醚燃料,供暖锅炉和高楼中央空调烧的是二甲醚等等,那该是多么诱人的前景。因此,大规模生产和高效利用二甲醚,完全符合我国能源结构和经济、环境协调发展的可持续发展战略。

# "二甲醚"用途广泛

二甲醚(DME)在常温常压下是一种无色、易燃的气体,无腐蚀、无毒,能溶于水、乙醇、乙醚、丙酮、氯仿等溶剂,燃烧时火焰亮度高。二甲醚特有的理化性能奠定了其在国际、国内市场上的基础产业地位,可广泛应用于工业、农业、医疗、日常生活等领域。二甲醚主要用于替代汽车燃油、石油液化气、城市煤气等燃料还可作为气雾推进剂、制冷剂、发泡剂等,市场前景极为广阔,是目前国际、国内优先发展的产业。

二甲醚生产大国主要为美国、德国、英国、法国等。据有关资料介绍:目前世界二甲醚年产量已超过 20 万吨;国内二甲醚产量约 2 万多吨。国内外二甲醚产量的 80% 用于生产气雾剂。仅气雾剂一项,世界二甲醚年需求量为 375 万吨,国内年需求量为 8 万吨,且每年以 5%～8% 的速度递增。二甲醚作为气雾推进剂、制冷剂、发泡剂仅仅是其用途的少部分,其主要用途是替代汽车燃油、石油液化气和应用于城市煤气,是解决我国能源、经济与环境保护,坚持可持续发展的关键。

二甲醚(DME)作为汽车燃料替代柴油,是目前二甲醚工业应用的主要领域。众所周知,柴油机热效率比汽油机高 7~9 个百分点,但现有柴油机因污染大而逐渐被淘汰,二甲醚为燃料的柴油机以高效、环保等优点正在逐渐替代原有的柴油机。柴油是我国油品中用量最大,也是目前缺口最大的油品,在三大油品中柴油占首位。据有关资料统计:2000 年我国柴油需求量 7000 万吨,到 2010 年将达到 1.08 亿吨。二甲醚替代柴油作为汽车燃料,是能源时代发展的迫切需要,也是必然结果,其市场需求量是可想而知的。

由于二甲醚有较高的十六烷值,非常适合于压燃式发动机,因此是汽车燃料的理想替代品。由于二甲醚燃烧值高,因此使用二甲醚作为汽车燃料,发动机的功率可提高 10% ~ 15%,热效率可提高 2% ~ 3%,噪音可降低 10% ~ 15%,汽车尾气无需催化、转化处理,即可达到高标准的欧洲Ⅲ排放标准。

该公司用二甲醚替代汽油在汽车上应用,经检验有下表结果:

检测项目　国家标准　二甲醚(Ⅰ)ME

CO　　CO≤4.5　CO=0.01

HC　　HC≤900　HC=4

二甲醚(DME)作为汽车燃料使汽车动力更佳。

二甲醚(DME)作为工业和民用燃料,与液化石油气相比有安全性能高和综合热值高、不析碳、无残液等优点,还可与液化气残液混合燃烧,使液化气残液燃烧完全。二甲醚的诸多优点,为其代替石油液化气奠定了基础。

# "二甲醚"下·游产品开发前景无限

由于二甲醚的用途极为广泛,能够极大地扩展关联度,拉长产业链,因此,二甲醚产业开发有着十分广阔的前景,其下游产品的开发也极具潜力。

利用二甲醚作为中间原料,可大力开发下游产品,如碳酸二甲酯、聚碳酸酯、光碟等高附加值产品。该公司提出采用二甲醚和二氧化碳直接合成法生产碳酸二甲酯,产品无副产物,分离极为简单,该项技术正在进行工业化中试。碳酸二甲酯(DMC)常温下为液态,沸点是65℃,是一种优良的溶剂和超低排放燃料和甲基化剂,目前国内和国际上产量很小,只用于替代剧毒的硫酸二甲酯作甲基化剂。

二甲醚(DME)的下游产品碳酸二甲酯仅仅作为汽车燃料改良剂以15%添加到油品中,年需求量约2250万吨,具有非常好的市场前景和经济效益。碳酸二甲酯还可以合成聚碳酸酯,目前国内聚碳酸酯年需求量10万吨左右,主要用于光盘、汽车零部件生产等,目前国内产量不足1万吨,主要依靠进口,因此,聚碳酸酯同样具有良好的市场前景。

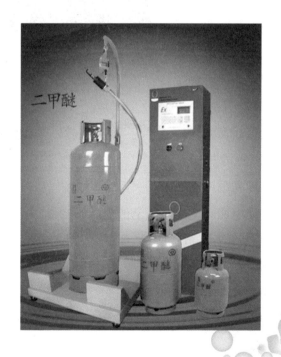

# 屋瓦发电

在法国,科技专家 2004 年 1 月首次将太阳能电池与房屋的屋面瓦结合在一起。据称这种用光电屋面瓦发电的系统将在欧洲安装 300 套,每年由此产生的电力将达到 30 亿千瓦。

使用太阳能一直是人们的愿望,但在屋顶上装一些又厚又蠢的太阳能电池板阻碍了太阳能技术的普及。欧洲可再生能源协会成员单位 Hespul 协会与法国第一大屋面瓦生产厂商 Ime-rysToiture 公司共同开发出了这种太阳能光电屋面瓦及相关系统。

太阳能屋瓦零件面向图

这种太阳能光电瓦既能产生清洁的能源,又保持了房屋的美观。这一方法的创新之处在于该系统的“屋面系列”用光电池做成的屋面瓦,由光电模块组成,光电模块的形状、尺寸、铺装时的压接方式都与宽平板式的大片屋面瓦一样(每平方米 10 片)。

光电屋面瓦每套为 20 块电池板,可以铺设 10 平方米的屋面。每套组件每年平均可以产生1000度的电力。当屋面的朝向和日照时间符合规定的条件时，两到三套光电屋面瓦便可以满足一个家庭的平均用电量。每片光电瓦包括一个保证机械强度和密封性能的支架，一个光电池元件和一片起保护作用的钢化玻璃。此外，整个系统还包括一些用于网络连接的元件和附件(逆变器和连接元器件)。

　　该系统不用在屋顶上安装支架，也不用在屋顶上凿洞安装太阳能电池板。新的系统不要求设置其他的密封装置，通过像瓦一样地叠置式安放，就能起到密封的作用。瓦片上有一个内置式的透气缝，保证光电池的通风散热。

　　专家说，这种屋面瓦能够保证在25年时间里的发电效率为95%左右。

屋瓦发电

# 燃料电池汽车

一辆名叫"超越一号"的未来汽车,在同济大学的校园中平稳行驶,它装着"绿色心脏",以氢为燃料,排出纯净水,不会产生任何污染环境的废气。

电动汽车是国家科技部"十五"期间 12 个重大科技专项之一,而在整个电动汽车专项中,燃料电池轿车项目意义最为重要,被世界公认为是汽车的一次全新革命。2001 年底,燃料电池轿车项目落户上海后,由上海汽车集团、同济大学等 10 多家企业、

燃料电池汽车

高校、科研机构联合组成项目组,并成立燃料电池动力系统公司,进行项目攻关。

燃料电池汽车项目组负责人万钢教授介绍说,项目组的第一年计划圆满完成,"超越一号"已经通过科技部重大专项年度评审,各项性能指标都达到了要求。按预定时间表,燃料电池汽车将出现在 2008 年北京奥运会和 2010 年上海世博会上。他强调,燃料电池汽车的开发,对利用清洁能源、改善城市环境,促进汽车产业升级都具有十分重要的意义。

# 风中财源

如果从表面上看，人们会认为赛蒙先生是一位风水先生。

他经常不动声色地在加拿大各地转悠，时不时会在某些地方停下来，取出仪器比比划划，然后和同行们在图纸上指指点点。

其实，赛蒙也真可以算得上是一位"风水先生"。只不过，他从不为人们选什么阴宅阳宅，而是只看风不看水。

他看的是加拿大哪个地方风力最强，为想在加拿大利用风能进行发电的公司提供信息。

赛蒙的看风生意出奇的好，所以他总是忙忙碌碌的。因为，现在加拿大的电子公司甚至石油公司，都在琢磨着怎样能找到风力发电的最佳宝地，以在今后的商业竞争中击败对手。

风能，这个 20 年前人们似乎还看不上眼的能源，现在已变成了人类社会的新宠。

这也难怪。目前，世界上还没有一种能源能像风能这样快速增长。

2001 年，世界风能发电能力增长了 30%。1995 年以来，全世界风力发电能力增长了近 5 倍，与此同时，世界燃煤发电总量相应减少了 9%。根据美国地球政策研究所的计算，世界风力发电现在已能满足 2300 万居民的需求，相当于丹麦、芬兰、挪威和瑞典等国人口的总和。

风能已成为绿色可再生能源投入商业运行的第一选择，把太阳能远远抛在了后面。

在全球风能开发领域,加拿大目前只能算是个小角色。现在世界上最雄心勃勃的风能开发者是德国人,其2001年风力发电量达800万千瓦,占世界风能发电的1/3,其次是美国人和西班牙人,丹麦排第四,不过这个欧洲小国近1/5的电力来自于风能,它还拥有世界上几家最大的风力电机制造公司,而加拿大风力发电能力只有200兆瓦。

不过,加拿大并不甘于落后。加拿大与北极近壤,大部分地区属于寒带,冷风资源非常丰富,而冷风最适合发电。加拿大认为,本国的风能就像沙特的石油一样丰富。赛蒙说,加拿大的纽芬兰省、五大湖沿岸、萨斯卡彻温及爱德华王子岛、阿尔伯特和曼尼托巴等一些地方,都是风力发电的绝佳场所。

为了鼓励风能开发,加拿大政府于去年制定出"风力发电激励方案",准备投入2.6亿加元,力争今后5年内,使本国的风力发电能力增加5倍。对于新建的风力发电企业,联邦政府将提供每千瓦时1.2至0.8加分的补贴,补贴期限为10年。在联邦政府的"重赏"下,加拿大企业也跃跃欲试。加拿大一家以煤和石油为主的大型电力生产商泛阿尔特公司去年宣布,它将在未来10年投入20亿加元用于风力发电。最近它还购买了一家风力发电公司,专门用于探索如何进行风力发电项目的开发。

泛阿尔特公司发电能力在加拿大排名第二,它的行动表明加拿大的能源格局将会发生变化。当然,企业愿意采用风力发电,并不完全是政府补贴的缘故,风力发电的成本也在迅速下降。能源专家发现,由于生产规模和设计水平的改变,全球风力发电的能力每增加一倍,成本就会下降15%。过去10年,风力发电的成本已从每千瓦时30分下降到6分以下。现在,一些风力电机已达到2兆瓦的发电能力,足够700户家庭使用,发电能力为1990年初期的3倍。它们的叶片和波音747的机翼一样大,塔座有20层楼高。计算机控制技术提高了机器的可靠性,设计的改变也使叶片能更有效地利用风能。

随着现代风力发电机效率的提高，在许多地方风力发电已能和煤及核能发电进行竞争。当然，风力发电最大的好处还不仅在于经济效益，它为减缓严重的地球污染找到一条绝佳出路。风力发电不释放二氧化碳和其他温室效应气体，能减少灰雾和酸雨带来的污染，对野生动植物也不会造成损害。

几经周折，加拿大终于去年年底签署了防止全球气候变暖的"京都议定书"，风力发电也为加拿大如何达到京都议定书的要求提供了一个很好的途径。根据加拿大政府的估计，如果"激励方案"中的目标能够实现，加拿大 2010 年后每年可以减少 3 兆吨的温室气体排放量。

除了经济效益和环保效益，加拿大开发风能还能带来一个意外的收获——促进农村地区人口收入的增加。

风力电机要占用农村的土地，怎样进行补偿呢？对不起，您掏钱吧。去年年底，一座风力电机在多伦多展览中心竖起，这是风力电机首次在加拿大的城市中出现。

尽管目前在整个加拿大广袤的国土上，风力电机还不多见。不过专家们预测，总有一天，风力电机将会像五大湖湖滨的花朵一样，在加拿大各地迎风绽放。

# 生物能源

"德国将在未来 20 年内逐渐关闭所有的核电站，取而代之的是可再生能源，而可再生能源家族中现实可行的能源是生物能源。"这是德国可再生能源委员会总协调人 N.E1.Bassam 教授最近在第二届国际农业可持续发展会议上说的一段话。

早在 1984 年欧共体的专家们就估计过，全球近 30 年来消耗的能源等于这以前整个历史时期所消耗的能源总量，石油和天然气的消耗速度比它们自然形成的速度要快大约 100 万倍，而全球矿质燃料所释放的碳总量每年达 60 亿吨。

生物能一直与太阳能、风能以及潮汐能一起作为新能源的代表，现在受关注的程度却直线上升，有些"脱颖而出"的味道。科学家们提供的资料表明，全球每年由光合作用产生的生物质为 1440 亿到 11800 亿吨。理论上，在自然光照条件下，太阳光能转化率为 18.7% 到 28%，而目前最好的光电池的能量转换效率只有 10% 到 18%，挖掘的潜力非常大。而对于风能和太阳能，都还存在技术不成熟以及成本太高等问题，普及推广相当不易。

低廉、量大的生物能资源在国际上获得高度认同。欧洲议会白皮书——《将来的能源：可再生能源》确定了欧共体增加可再生能源的比例以改善能源供应安全性的能源行动纲领。现在，欧洲的生物燃油已从 1992 年的 80000 吨增加到 1998 年的 470000 吨。

在一些科学家的眼中,生物能的生产像调制鸡尾酒一样简单。巴西的 Joseph miller 教授说:"在农业的废弃物中有 30% 的纤维和 40% 木质素可以利用转化为酒精,再加入添加剂就可以代替汽油燃料。"

与会的美国专家介绍说,在 1980 年美国科学基金会向总统提出的研究报告中,特定研究课题的首项即为"光合作用——发展有效利用太阳能的作物"。在 1995 年度联邦科学预算中,美国国会批准能源部有关"生物环境"投入的数额竟大于核物理和聚变,达 4.45 亿美元。

利用高产植物或者农作物发展生物能源得到联合国的高度重视。1999 年到 2000 年联合国委托中国科学院植物所主持国际甜高粱品种区域试验,主持这次会议的中国科学院植物所研究员黎大爵说:"假如甜高粱酒精产量为 5000 升/公顷,那么,种植 20 万公顷甜高粱的酒精总产量为 80 万吨,就等于 1994 年中国原油总产量的 54%。"

而据美国专家介绍,美国曾计划到 2000 年种植 8500 万亩甜高粱,生产 315 亿升酒精,使其全国汽车使用掺有 10% 的酒精混合燃料。

甜高粱之所以受到科学家们的重视是因为它的秸秆含糖量高,是生产酒精的最佳原料,为此,甜高粱被誉为"生物能源系统中的最有力竞争者"。黎大爵说,种植甜高粱的最大优越性是极大地减少 $CO_2$ 的排放量,因为将甜高粱作为能源燃烧时所排出的 $CO_2$ 与种植甜高粱时所吸收的 $CO_2$ 是相等的。

据介绍,目前我国能源需求增长率为每年 3.5%,预计在未来 20 年,这个数字将增加一倍,从而使中国成为与欧洲一样的能源消耗大户。

# 长效电池

美国康奈尔大学研究人员正在研制一种新型镍铜电池，该电池至少能工作半个世纪。

据《新科学家》杂志介绍，研究人员采用放射性同位素镍63和铜两种金属作为长寿命电池材料。镍63能发生裂变，会不断释放电子，半衰期达100年。长寿命镍铜电池的工作原理是片状的镍63在衰变时释放电子给铜片，使铜片带负电荷，镍63薄片带正电荷，外接负载构成回路时，镍铜电池便会开始工作，源源不断地产生电流，为负载提供电能。

这种电池的功率只有几毫瓦，但寿命极长。按放射性同位素镍63半衰期100年一半计算，该电池至少工作50年。有关专家预计正在研制中的镍铜电池可能成为使用寿命最长的电池。

康奈尔大学研究人员认为，由于这种电池体积小、寿命长，因此它可以广泛应用于人造器官，为人造心脏、人工肾等装置长期提供动力。

# 环保能源

在南非举行的可持续发展世界首脑会议上，能源，特别是可再生能源再次成为与会世界各国首脑关注的主要议题之一。在人们呼吁大力推广使用风能和太阳能等清洁的可再生能源的同时，科学家们又开始把目光投向了一种能够快速生长的树种——北美杨树。

人们发现，在生长过程中，树木能吸收大气中的二氧化碳作为自己的"食物"并储存起来用于以后生产能量。如果将树木砍伐并燃烧后，二氧化碳又将被释放出来。英国南安普敦大学植物环境实验室的研究人员认为，由于树木的枝叶从大气中吸收二氧化碳，同时留在土壤中的树木的根系对二氧化碳也有一定的吸收作用，并可在地下保留更长的时间，因此借助自然的力量保护环境是完全有可能的。

英国南安普敦大学的科学家研究发现，通过燃烧树木，人们同样可以获得与燃烧煤或石油一样的能量，而且与煤和石油相比，树木还有具有不断生长的优势,成为可再生能源。另外用树木代替传统燃料还将大大减少二氧化碳的排放量,减缓温室效应产生。世界各地分布着上千种不同种类的树木,研究人员之所以选择北美杨树作为研究对象,是因为北美杨树与其他树种相比其生长速度要快得多,成材率很高。为了找到北美杨树能快速生长的原因,研究人员利用先进的基因技术收集了13000多个北美杨树的基因样本,希望通过对它们的研究筛选出生长速度更快,抵御疾病能力更强的北美杨树树种,以便能培育出理想的树种作为新型燃料。如果这个研究计划获得成功,它将成为人类利用生物技术发展环保能源的又一成功的典型范例。

在本次大会举行的能源专题讨论会上,与会代表认为,国际社会应就发展可再生能源制订出切实的行动目标和时间表,加大对可再生能源技术的投资,并将重点放在提高发展中国家在这方面的技术能力上。

北美杨树

# 新能源构想

今天, 人们对京城日新月异的变化喜上眉梢, 2008 年北京奥运会的成功举办。那么, 在城市规划师的眼中, 绿色京城的魅力何在, 前景如何呢? 我们不妨听一听北京市国土资源和房屋管理局地热管理处处长陈建平极富大胆的描述:

采用地热、风能、太阳能等可再生资源, 是举办绿色奥运的初衷。让我们想像一下, 奥林匹克公园内按计划钻探 10 口深度超过 2000 米, 温度达到 70℃ 的地热井。地热源热泵是一种利用地下浅层地热资源既可供热又可制冷的高效节能空调系统。地热源热泵是一种高效节能、无污染的空调系统, 它利用地能一年四季温度稳定的特性, 冬季把地能作为热泵供暖的热源, 夏季把地能作为空调的冷源。通常地热源热泵消耗 1 千瓦的能量, 用户可以得到 4 千瓦左右的热量或冷量。因此, 将可以满足采暖、温泉洗浴以及体育场馆的各项需要, 其中 40 万平方米的运动员公寓全部采用地热供暖。据悉, 有关部门将于 2004 年正式实施, 地热设施将于 2006 年前全部就位。

据了解, 世界上至少有 64 个国家以各种方式使用地热资源, 利用规模也不尽相同。雷克雅未克(冰岛)是世界上最清洁的首都之一, 市内无烟囱排烟, 污染型矿物燃料供热已经绝迹。与矿物燃料燃烧相比, 地热利用将二氧化碳排放量减少了 190 万吨 / 年, 这一事实有力地奠定了冰岛在全球的地位。很多国家可以通过地热利用减少其气体排放。北京市使用地热资源的历史由来已久。20世纪70年代就在天坛公园、中山公园打出地热井。仅目前,北京市正在使用的地热井有几百眼,并以每年申报地热井20余个的速度递增。

据中国科学院地质所教授赵平博士介绍,地热能在气候方面与太阳能、风能或潮汐能应用恰好相反,它有自己固有的存储能力,能够用于基础负荷供应和高峰电力供应。至20世纪末,风能以其52.1%的运转能力居领先地位,随后为地热(41.7%)。地热以占四种能源电力生产69.6%的比例居电力生产之首。在电力生产中相对较高的比重反映出能力系数为70~90%的地热发电的可靠性。地热能除直接转化利用外,还可以将其转化为蒸汽,进而发电。我国最大的西藏羊八井地热电站,装机容量达25兆瓦,可满足拉萨市1/3的用电量。

近年来科技的发展为利用地源热能打开了新的通道,因为热泵可以在任何地方使用。整套系统环境效益显著,因而具备了可观的经济效益,它消耗电能,直接利用地球中的能量,没有燃烧,没有排烟及废弃物,清洁无污染。北京亚运村附近的北苑家园成功地利用了地热资源,并且节约了相当的占地和初期投资,整个小区的供暖、制冷、生活热水都由一套地源型热泵系统提供,取代了传统的锅炉房、空调系统及生活热水系统,同时机组与系统实现自动化控制,节省了人力物力。

赵平博士同时建议,地热虽然是清洁能源,利用不好也会带来环境问题。过量开采地热水而不注意及时回灌,可能污染地表浅层水。由于热泵的使用降低了高峰电力需求,从而替代了新的电力生产,一般由政府和电力公用事业单位提供基金金融激励制度。为了鼓励地热资源与常规能源的竞争,政府有必要制定并执行一套合理的公共事业网络系统,运用一定的财政手段予以支持。届时,已得到技术证实和资源丰富的地热能,将对减少温室气体排放做出重要贡献,更为北京的绿色奥运带来前所未有的全新体验。

# 清洁廉价的能源

我国煤炭资源丰富，产量和消费量都占全国一次性资源总量的70%以上，已探明的煤炭储量占能源(煤、石油、天然气等)总储量的90%。目前，发达国家的煤主要用于发电，加拿大、美国和英国电厂用煤分别占其用煤总量的96%、86%和76%。多年来，变煤为电一直是我国能源发展的重要途径。我国电厂用煤占煤炭总产量的比例已由80年代中期的1/4增加到90年代中期的1/3。目前，全国电厂用煤量已达到煤炭总产量的1/2。

近年来，我国在煤矿坑口建电厂被认为是加速煤变电的有效措施，专家认为，坑口发电有许多优点：

(1)变输煤为输电，可避免长距离运输。我国的煤炭大部分产在中西部，而能源消费大户多在东部，从中西部煤矿往东部电厂运煤，既造成运力紧张，又增加燃煤成本(我国用户购煤价格为坑口煤价的4倍)，同时还污染运输沿线的环境(煤炭运输损耗为1~3%)。

(2)煤矿与电厂的综合开发，可以减少建设投资，还可以综合利用矿井水和电厂粉煤灰。

(3)坑口发电可充分利用不宜长途外运的低热值煤和洗煤厂的低热值洗中煤，减少散烧这些燃料造成的污染。

(4)在坑口建电厂可减少城市治理污染的费用。

(5)建设坑口电厂能促进西部开发。

43

据了解，国家计划到 2010 年坑口发电达到火力发电总量的 40%。但要达到这个目标仍有不少问题。首先是坑口所在地的经济、科技和文化条件相对落后；其次是煤炭和电力行业的垄断阻碍了煤矿办电厂和电厂办煤矿。有些电厂虽然建在矿区，但由于行业分割，坑口电厂的优势得不到充分发挥。

有关专家指出，只有打破煤电间的行业分割，实行煤电联营，才能充分发挥坑口电厂的优势，利用我国坑口煤价低的有利条件，促进电力发展。应该说，加速坑口电厂的建设，将大大促进我国清洁能源的发展。

坑口电厂

# 微型热电共生器

　　未来住宅的能源主角是微型热电供生器。作为拥有一栋三层小楼的主人，当见到体积只有家用冰箱大小、安装简单、维护方便同时既供暖气热水又供电的燃气(天然气)小"锅炉"时，你肯定会动心买一个。顺应世界能源市场的变化，目前，法国国营煤气公司就在研制和试验这种小"锅炉"——微型热电共生器。

　　目前，有多种方案为独立或公共住宅提供方便、低耗、清洁、安全的能源供应设施。如燃料电池，它在产生电能时的副产品只有水，因此是十分理想的清洁能源，但由于其热电转换效率相对较低，同时技术上还有许多难关需要攻克，预计还需要十多年才会面市。此外，还有即将在欧洲上市的内燃热电机。

　　法国国营煤气公司研制的这种微型热电共生器由斯特林发动机带动，经济性极好，可望在近两年内商业化。

　　斯特林发动机是一种外燃的、封闭循环往复式热力发动机。被其带动的微型热电共生器既生电又生热。这种技术有几个优势，一是能量转换效率高，二是机器非常"安静"，三是非常环保，完全燃烧后只产生很少一点氧氮化物和一氧化碳，内燃机在这方面远不能与它相比。

　　热电共生器系统最重要的特点是具有储热功能，在居所需要时产生足够的能量。它采用两种方式储存热能，一是用受热后的发动机冷却水去加热储存在蛇形管中的饮用水，冷却水随即冷却回到发动机内去参与工作。第二种方式是让饮用水在位于冷却发动机的热水罐中的长长的蛇形管中流动,达到储热效果。不管是哪种方式,这样产生的热水和热饮用水分别可以满足供暖及卫生用水需求。

　　法国国营煤气公司研究部已经在其试验大楼中对微型热电共生器进行了一年多的试验,发动机由新西兰制造,电功率为 700 瓦,热功率为 5000 瓦。试验结果表明,在任何季节,这种机器都可以满足一个三间卧室小楼中 4 口人的基本能耗需要,包括热水供应、取暖照明及家电用电。当然,如果用电量太大,还须求助于公用电网。

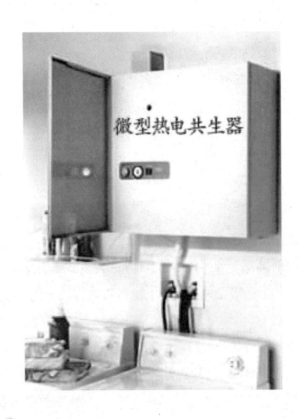

# 未来洁净能源

提起太阳能,人们自然会想到那些四处可见,泛着粼粼蓝光的太阳能电池板。然而,这种采用太阳能电池板发电的方式规模小且转换效率低,远远不能满足人们较大用电量的需求。为此,科学家希望有朝一日能建成靠太阳能发电的大型热电厂,即先将太阳光转换成热能,然后再靠热来发电,以满足人们日常用电的需要。科学家预测,在 10 至 15 年内地球上阳光充足地区将会出现大量太阳能热电厂,向世界各国提供洁净电能。

实际上,太阳热发电原理早已为人所知。20 世纪初研究人员就开始在屋顶采用槽式聚光镜获取能源:先将黑色管子里的油加热到 400 摄氏度,当油流过热交换器时将水蒸发成蒸汽,然后用蒸汽来推动涡轮发电机。随着时间的流逝,在研究人员不断努力下,太阳能发电技术获得巨大改进。目前,槽式太阳能发电的转换效率已经达到 15%,也就是说 1/6 的入射光能可以转换成电能,而太阳能电池板的转换效率只能达到 10%。80 年代末,美国研究人员在加利福尼亚建成一座功率为 354 兆瓦的太阳能热电站,它相当于一座中型热电站。但是,槽式热电站的劣势是占地面积大,它需要一条长 150 米,宽 6 米的槽,其发电成本是煤炭、石油或天然气的 3 倍。

今年 9 月,西班牙政府通过一项新的法令,将原来每度电价从 3 欧分提高到 15 欧分。为此,西班牙计划于 2004 年建造一座欧洲最大的太阳能槽式热电站。为提高太阳能的利用率,研究人员研究将吸附管内的油换成水,这样既可以节省昂贵的油,还可以将水直接蒸发。但在水代替油技术试验成功之前,吸附管内仍以油作为热载体。从目前进展情况看,该技术有可能在 5 年内实现,届时太阳能的利用率有望提高到 20%以上。

槽式发电并非是太阳能发电的唯一途径,有工程技术人员采用了别的方案,如塔式发电。他们采用上百个单反射镜(定日镜)从东向西跟踪太阳,反射镜将太阳光束照射到塔顶的热交换器上,交换器将吸收到的热导入盐溶液,加热后的盐溶液被泵到塔底,产生推动涡轮机的蒸汽。利用盐溶液的方法虽说不错,但溶液对管道和容器会产生腐蚀作用,为此科学家准备用空气替代盐溶液,用空气来传导热能。为解决空气导热性能差的缺陷,研究人员研制出一种"容积接收器",其原理类似吸水海绵,可将空气加热至 1200 摄氏度。当热空气吹过该接收系统时,系统吸掉空气中的大部分热量,并将加热后的空气直接鼓入涡轮机,推动涡轮机发电。

该方案将来是否会取代槽式发电方案,目前还没有定论。从理论上说,塔式热电站的太阳能利用率可以达到 25%。但重要的是塔式热电站还存在一定的技术问题,而槽式发电在技术上已经成熟。

除成本低于太阳能电池板外,太阳能热电站在太阳下山后仍能靠白天存储的热能来发电。存储热量需要储油罐或装载盐溶液的容器,这就要求有大的场地。将来肯定会有比上述热载体更好的介质,发现它们只是时间问题。总之,研究人员研究目标明确,近几十年内大型太阳能热电站将为人们提供若干个百分点的电能。

从地理位置看,太阳能发电在南欧比较合适,如西班牙、希腊和希腊的克里特岛。此外,北部非洲也是理想地区之一,如摩洛哥就有足够的面积建造太阳能发电站,假如太阳能发电站遍布该地区,可以提供目前全球所需的电能。中欧地理位置较差,如德国缺乏足够的光照,无论是建造塔式和槽式电站都不理想,因此德国也只能是作为发电设备研究和生产基地,出口这类设备和技术,然后进口这种洁净电能。

太阳能发电前景喜人,但关键还是电价问题。从目前看,太阳能热电站发出的电每度为 15 欧分,尽管它的价格只是太阳能电池板发电的1/4,但它还是比用化石燃料能发出的电要高,没有可靠的财政资助能难维持。专家们倒是持乐观态度,他们认为,10 至 15 年后太阳能热电站发出的电可以降至 5 至 7 欧分,可形成与传统发电展开竞争的态势。

太阳能发电

# 新型空调器

　　清华大学机械工程系在 2004 年 11 月初推出他们和韩国合作开发成功的一种新型空调器——空气锅炉。这项技术，标价 5000 万元。

　　据清华的专家介绍，这是一个通过一系列高技术手段和方法，实现从空气、地热、太阳能、工业废热水、工业废热气中能量的利用，可以提供冷源、热源及热水的新一代热泵式空调产品。它集新型锅炉和新型空调器于一体，有着优越的节能效果和显著的经济效益。

　　清华大学机械工程系赵大庆教授告诉记者，这项技术对空调企业不失为一大福音。一个已有现成的生产线和销售网络的厂家，不用新建厂房，不用再添置设备，只需花 200 万元人民币，就能获得空气锅炉有关专利和最核心部件的使用权。一个旨在做行业龙头老大的厂家，投入 5000 万元，独家买断全套技术和专利，就能垄断性生产空气锅炉，而且还有可能垄断国际市场。与清华大学合作开发空气锅炉的韩国—研究所，刚推出样机，就接到了来自世界各地的大批订单，但该研究所没有能力进行工业化生产。中国的空调厂家引进这项技术后，可将韩国合作方接到的订单全部转交中国合作伙伴。

　　空气锅炉为什么能得到国际市场的认可和欢迎?你想，宾馆不能不安装空调，更不能没有供应热水的锅炉。空气锅炉将这两者的功能集为一体，花一份钱办两份事。还有日益扩大规模的大棚蔬菜种植，反季节菜生长时需要适宜的温度，要供暖;存储时需要低温，要制冷。空气锅炉恰好能满足这多种温度之需,在寒冬腊月,还能提供温度适宜的浇灌用水。那些已安装传统空调的家庭,只要再掏上新买一部空调25%的价格,安装上核心部件,就可将其改造成空气锅炉,既制冷剂暖,又享受热水。

空气锅炉还有一个最大技术创新点:除机械传动部分须用电,整个系统无须用油或天然气等自然资源,仅利用回收空气及废水、废气所产生的热量,就能实现制冷、供暖和供热水的功能。它意味着输出同样的能量,别人用1度电,而空气锅炉用0.5度电即可。尤其供热水不需要消耗其他能量,它是用热交换的原理从空气、废水、废气中免费获得的。普通空调器冬天制暖最高只能到摄氏20度,室外温度到摄氏零下10度就不能工作。空气锅炉在摄氏零下20度的环境下照样可同时实现3种功能:制冷、供暖、供热水。目前这项技术的转让还正在酝酿之中。

传统空调

# 石油的产生

美国休斯敦一家石油勘探公司提出一个新理论：所有的石油都是从古老的岩石中生成的，而并非通常认为的是埋藏在地下的死亡动物或者植物等有机体在压力和热的作用下分解转化而成。这一观点得到3位俄罗斯同行的赞同，但相关论文在美国《国家科学院院报》上一发表，便引起广泛争议。

该公司负责人肯尼认为，从岩层断裂处释放出的地热，使埋藏于地底 100 公里深处的碳化无机物和水在高温高压作用下产生了碳氢化合物，所有的石油都是通过这种方式形成的，而且现在还有大量的矿点未被发掘。

石油地理学家已经部分接受了这一观点。美国地理调查部门的麦克·卢万表示，有一部分石油来自无机物，这一点毋庸置疑。但对于肯尼提出的"石油不可能由浅层岩石中的有机物形成"这一论断，他则坚决反对。新泽西州矿产及矿产资源部的布雷恩·布里斯特认为，肯尼的观点是对有机化学理论以及几十年来在石油地理化学领域所进行的研究的蔑视。

目前普遍认同的理论是，埋藏在地下的远古时代未被细菌分解的有机物在一定温度、压力条件下，经过几百万年的演变，形成了可供开采的石油。微生物将地表以下的有机物转化为碳氢化合物，剩下的埋藏在深层地底的有机物则在温度和压力下经过分解及复杂的化学反应生成石油。通常具有商业价值的油田都位于地表以下 500 米~700 米深处，最深的油井在约 6 公里深的地底。而 10 公里以下的更深处则根本不会有石油或天然气。

肯尼认为，浅层地表形成的低压条件更容易产生甲烷，而不是较重的碳氢化合物。他在实验室中将氧化铁、卵石和水加热至 900 摄氏度高温时得到重碳氢化合物。据此他认为，稳定的石油只有在 30000 个大气压条件下，也就是 100 公里以下的地底才能形成。

不过，即使肯尼关于石油形成的理论只有部分正确，也可能为石油勘查工作打开一扇新的探索之门。

# 激光热核技术

日本大阪大学和英国的科研人员日前宣布，作为未来很有发展前景的能源，激光热核实用化已经不再是遥远的梦，他们用世界最高功率的激光把燃料等离子体成功加热到了 1000 万摄氏度。

据《日本经济新闻》报道，研究人员采取的是分别进行燃料压缩和加热的"高速点火"方式。他们用新开发的瞬间功率达 10 亿兆瓦的激光装置，成功地把燃料等离子体加热到 1000 万摄氏度。在这之前，燃料等离子体最多只能加热到 400 万摄氏度。

热核技术的目标是实现与太阳内部相同的热核反应，从而获取巨大的能量。如果进一步提高激光功率，把燃料等离子体加热到 1 亿摄氏度，就可以实现热核反应。

这一成果发表在最新一期英国《自然》杂志上。

激光热核技术

# 从植物中提取氢气

美国科学家研究出一种从植物中提取氢气的新技术。这标志着制取清洁、廉价氢燃料的研究取得了新进展。

美国威斯康星——麦迪逊大学的科学家给从植物中提取的葡萄糖溶液加压并将其加热到200摄氏度，再用一种无机催化剂处理。起催化作用的是大量微小的铂颗粒分布在有许多微孔的氧化铝材料中。它们能把葡萄糖分解成氢气、二氧化碳和甲烷。

氢气燃烧释放出大量的能量并且只产生水，是一种高效而清洁的燃料。但是氢气不容易制取，用淀粉葡萄糖产生氢气的成本太高，细菌降解生物物质的方法又难以工业化。科学家希望改良这种新技术，用无机催化剂处理植物纤维素里的葡萄糖，因为农业和林业的下脚料如稻草、碎木中都含有大量纤维素，这样无疑将降低氢气的成本。

# 利用海泥发电

据美国《自然与生物工程》科学杂志电子版报道，由美国海军研究所等组成的研究小组利用海底的海泥和海水之间产生的电位差，研制出海泥发电装置，经过长期的实验，终于获得成功。

该小组称，在海底的海泥中，有许多微生物把生物的遗骸等沉积的有机物当作食物，由于这些微生物在分解有机物消耗氧气的活动时，能使海泥和海水之间产生出不同的电压。他们在美国新泽西州等两处的实验海域，先把石墨制成直径约48厘米、厚1.3厘米的圆盘状，再用电线连接两个电极。一个电极悬挂在海水中，另一个电极埋在海泥中，利用其电位差进行实验发电，经过约7个月时间，这种装置发出了稳定电压的电流。

据说对电极再进行改善后，就能产生转动被研究机器的电力。这种既能发电又能分解海底有机物的发电装置，将对净化海洋，保护环境起到无可比拟的作用。

# 把天然气做成"球"

天然气运输成本高昂，危险大，是各国都为之头疼的问题。目前世界上大规模天然气输送基本上采用两种方式，即管道天然气运输和液态天然气运输。大陆地区一般采用管道运输，海上运输则利用专用船舶运输液态天然气。但无论哪种方法，都无法解决降低运输成本和确保安全的难题。

通常，运输液化天然气，首先要把天然气降至零下162摄氏度，并使其保持在此温度左右才能保证天然气的液化状态。这样，不仅需要消耗大量的能源和建造大规模的设备，而且若在运输途中经过热带地区，一部分液化天然气还会汽化、蒸发。目前日本三菱造船公司正在尝试一种将天然气转化成固体状态的运输方法，以解决上述难题。

这种固化天然气的运输方法，是将天然气经过"水合作用"转化成固体进行运输。该过程是将天然气与水搅拌，使天然气的主要成分甲烷被水覆盖包围形成"水合体"状态，类似"果冻"一样的形态。然后经过处理，抽出其中的水分使之形成粉末，再制成球状物体进行运输。

天然气转化成粉末的过程要在2摄氏度和数十个大气压条件下进行。与低温条件下将天然气液化不同的是，天然气固化的关键是控制好转化过程的压力。很早以前人们便已经知道天然气具有"水合作用"，但是一直没有在工业上加以利用。今年1月，三菱造船公司开始着手开发固化天然气技术，并且在世界上首次制造出了固化天然气的设备。

57

目前,该公司在实验室中已尝试了几种固化天然气的方法,其中之一就是利用螺旋桨叶片在压力容器中把天然气与水混合搅拌;另一种方法是在充满水的容器底部设置管道加入天然气,形成"水合体"。但是,实验室中的这些方法都不能在一昼夜生产出可供工业利用的"水合体"。为此,三菱造船公司采用了搅拌方式和沸腾方式组合的制备方法。

为增加水和天然气的接触面,在搅拌用的螺旋桨叶片上也安装了管道,在螺旋桨转动的同时叶片上的管道也能输进天然气。这样,达到了比单一搅拌方式高出 10 倍以上的"水合体"制备量,效率明显提高。

实验表明,尽管天然气球状固体运输和天然气粉末状运输都是先进的天然气远程运输方式。但是,天然气球状固体运输比天然气粉末状运输更具优点。天然气在粉末状态下运输会加大物体的体积,经济效益不尽理想;而天然气球状固体运输能增加 1.4 倍的运输量,并且比粉末状容易搬运,可以实现理想的经济效益。

目前,三菱造船公司正进行在各种压力下制备天然气球状固体的试验,预计在 2003 年将投入实际应用。

# 未来需要什么样的能源

能源虽然不是人类的最基本需求，但它对人类生活来说无疑是至关重要的。从照明、饮食、取暖到降温，从灌溉、冷藏、交通运输到通讯联络，人类都离不开能源，能源的利用已经成为人类进步的一个标志。从另一个角度来看，贫穷和落后总是伴随着能源的匮乏。联合国的数据表明，世界上富人能源消费是穷人消费的 25 倍！

尽管人类利用能源已经有漫长的历史，能源技术的发展也取得了长足的进步，但目前人类的能源消费结构远远没有达到可持续发展的要求，且不说世界上有 1/3 的人口根本没有电力供应，1/3 人口电力供应非常不稳定，就是在能源供应非常充足的地区，能源消费结构也非常不合理，远远没有达到人类理想的能源消费结构。

统计数据表明，目前世界上 75％ 的能源来自于矿物燃料的燃烧，而这些燃烧是人类最大的健康污染源，也是地球温室效应的罪魁祸首。火力发电、交通运输和各种加热过程都需要燃烧大量的煤炭、石油、柴油、汽油和木制品，在燃烧过程中，这些矿物燃料会排放大量的有害气体颗粒，可导致人类呼吸系统障碍和导致癌症。从全球角度来看，目前全球面临的最严重的环境问题之一就是温室气体在大气当中的含量持续增加，这是导致全球气候变化的最重要的原因。尽管发达国家是温室气体的最严重的排放源，但发展中国家却是最严重的受害者，因此减少矿物燃料的燃烧，降低矿物燃料的排放是新世纪全球可持续发展的重要课题。

能源问题是此次联合国"可持续发展是世界首脑会议"五大议题之一，联合国希望通过此次大会使各国政府更加重视能源战略中的可持续发展问题，各国政府要特别重视能源发展过程中的环境保护问题。联合国希望世界各国应花大力气进行可再生能源包括太阳能、风能、地热能源、生物能源和水利资源的开发和应用，同时加大对现有矿物能源进行技术更新和改造，以减少有害气体的排放。

尽管我们的生活离不开能源，但我们的生活同样离不开美丽的环境，新世纪我们需要的是洁净、可再生和无污染的新一代能源。

# 高效燃料电池

日本产业技术综合研究所与名古屋大学的联合研究小组开发出工作温度为 600 摄氏度,平均每平方厘米发电量 0.8 瓦,比现有同类电池发电量高出 1 倍以上的固体电解质型燃料电池 (SOFC)。

铈氧化物具有良好的导电性能,但它同时又有易被燃料气体还原的弱点,因此一直被认为不适合做固体电解质型燃料电池的电解质。然而,该小组的最新研究发现,固体电解质型燃料电池的这种还原反应仅发生在工作温度为 1000 摄氏度的兆瓦级标准情况下。用作"电热并给"用电源的固体电解质型燃料电池的工作温度为 600 摄氏度低温时,会抑制还原反应的发生,同时在电池厚度为 30 微米薄膜状,600 摄氏度工作温度状态下,平均每平方厘米减少电阻 0.2 欧姆。

固体电解质型燃料电池的另一个缺点是低温工作时碳化氢燃料的电极反应缓慢、发电量小。研究小组使用新型燃料极,在现行低温工作用燃料作为催化剂,发现反应速度加快。实验结果证明,在 600 摄氏度工作温度下,使用固体甲烷、乙烷、丙烷等燃料,可实现与高分子型燃料电池在使用氢燃料时相同的每平方厘米 0.8 瓦的发电量,并且没有发现使用碳化氢燃料时所出现的燃料极碳化现象,并能保持长时间稳定工作。

使用氧化锆作电解质的固体电解质型燃料电池在 600 摄氏度时发电量为 0.2 瓦,迄今为止世界上报告的最高值是 0.3 瓦。由于采用铈氧化物作电解质,实现了燃料电池的薄膜化和高工率。该研究小组目前正在加紧进行电池的低温、长寿研究。

# 下一代照明光源计划

美国能源部提出"下一代照明光源计划"(NGLL)最近获得美国会议员的强有力支持,将其列入了"能源法案"中,并要求国会从 10 月 1 日开始的新财政年度中,为该计划拨款 3000 万美元,以后每年再拨款 5000 万美元。

旨在用固态光源替代传统灯泡的"下一代照明光源计划",为期长达 10 年,耗资将为 5 亿美元。实施该计划的目的是为了使美国在未来 400 亿美元的照明光源市场竞争中,领先于日本、欧洲及韩国等竞争者。计划制订者之一、美国光电子协会负责人伯杰说:"在很多技术领域,我们已丧失了世界领先地位,但在照明光源工业我们能确保走在别国前面。"

过去 10 年来,研究人员已开发出许多新型发光二极管和有机薄膜,这些新型光源有可能成为固态照明光源的基础。固态照明光源与现有真空管灯泡相比,优点是用途广泛,发光效率高。专家们认为,此类光源若被广泛采用,能使全球电力消耗下降 10% 以上,并会减少环境污染,刺激经济增长。然而,由于固态光源目前遇到一些技术问题难以解决,包括亮度不够大及制造发光材料的成本较高等,致使这种新型光源的应用推广不快。

为了克服这些障碍, 两年前隶属于美能源部的桑迪亚国家实验室与惠普公司的研究人员一道,提出将能源部、主要照明光源公司和其他科研机构的研发资源整合在一起,并制定了下一代照明光源计划。计划出台后,便获得美国一些研究机构的支持。加州大学材料科学家丹巴斯说,集中力量获得超高效率照明光源,对消费者及环境保护来说,都是件好事。桑迪亚国家实验室的科学家现已对实施这一计划进行准备,该实验室计划到 2003 年年底,为新光源研究提供 600 万美元的经费。

# 动 力 源

今天，当你正在尖端的信息领域里探索计算机的发展，如果有人建议转而研究电力的问题，你会觉得落伍吗?在信息时代，电力是怎样的一个情况，提出这个问题是否为时尚早?

记者就这些问题采访了清华大学电力电子工程研究中心主任韩英铎院士。他说，中国能在此时认识并开发研究这个领域，是非常及时的。可以说，电力是基础，是前提，是信息产业的前沿。信息电力是信息社会对电力质量供应提供的新的巨大社会需求。

不是吗?当千家万户安装上高清晰度电视，用上了高保真音响设备的时候，人们将难以忍受在电视画面上出现的雪花点和播放音乐中出现的噪音。在生产移动电话或者电脑芯片的生产线上，有时会突然间涌现出大量的废品。后来人们才发现，其罪魁祸首就是他们所用电的质量发生了变化，而这种变化往往只发生在百分之一秒甚至更短的不易被发觉的瞬间。随着信息社会的发展，电能质量的控制问题，已成为摆在研究人员面前的重要课题。

清华大学韩英铎院士带领一支由数十人组成的科研攻关队伍，经过近 6 年的研究，终于成功地研制出我国第一台高压大容量电能质量控制器，为解决信息时代对电质量的需求做出了重大的贡献。

63

## 信息社会对供电质量提出的新挑战

正如人们在生活水平提高了以后，将会更多地考虑如何提高生活的质量一样，随着社会的进步和资讯科技的发展，更多的企业开始提出提高电能质量的要求了。在上一届人代会上，代表们首次提出了用电单位有权对供电单位的不合格电能提出索赔要求，从而把保证供电质量的问题在法律上提到了一个更重要的位置。

信息电力是指正在悄然来临的以信息技术为先导的知识经济时代所需求的电力供应，它具有高可靠性、高动态恒定特性、控制灵活、应用方便等特点。传统的供电质量都是基于系统稳态而言，电力系统中的一般机电设备在供电电压幅值相对较大的变化范围内都能正常地工作。但是在近几年，随着高新技术，尤其是信息技术的飞速发展，计算机和微处理器的管理、分析、检测、控制的用电设备及各种电力电子设备在电力系统中大量投入使用，它们对系统干扰比一般机电设备更加敏感，对供电质量的要求更加苛刻，哪怕几个周波的供电中断，或电压跌落，都将影响这些设备的正常工作，造成巨大的经济损失。因此不论系统是处于正常稳态还是故障暂态，均需保证幅值偏差很小的基波正弦电力的可使用性，即高动态恒定特性。

随着信息技术的不断发展，各行各业之间的相关性也越来越强，如何保障优质电力的不间断供应已成为电力工作者面临的新的严峻挑战。

## 信息电力产业的广阔前景

电能质量控制器的基本功能就是要在任何条件，即使是极为恶劣的供电条件下也要保证供电电压、电流的稳定性,在干扰谐波产生的一瞬间立即将其消除。

我国第一台高压大容量电能质量控制器 (ASVG) 已经正式投入运行。目前世界上只有美国、日本、中国和德国四个国家掌握了这项技术并能生产出相应的装置。从容量来说,中国排在第三位。

电能质量控制器有着巨大的工业和民用需求,有着巨大的潜在市场和广阔的发展前景。以韩英铎院士为首的科研人员表示,在掌握了 2 万千伏安电能质量控制器的关键技术后,他们还将在争取到资金的前提下,研制 10 万千伏安甚至 12 万千伏安的更大容量装置。中国将形成一个信息电力的新的支柱产业,这是电力设备制造业的重大商机。

# 月球上发电

　　由于月球具有高真空和低重力的特殊条件,月球工业不仅能生产具有特殊强度、塑性及其他性能优良的合金和钢材,还可以生产超高纯金属、无瑕疵单晶硅、光衰减率低的光导纤维,以及纯度特高的生物医疗制品等。

　　科学家认为,要在月球上建立采矿、冶金、机械加工工业和交通运输业,首先要有强大的电力支持。在月球上,最廉价的能源是太阳能,由于月球没有空气,太阳可以直射月球而不会受到阻拦而衰减,因此,太阳能的利用强度大、效率高;同时,月球的旋转轴基本上垂直于黄道面,若在月球两极附近建造太阳能发电站,利用太阳光造成的温差,可提供十分丰富而廉价的电能。如果用不完这些电,还可以把电能通过微波发送给地球,可以在月球上建造大功率的激光或微波发射装置,以激光束或微波束的形式将能量传送到地球,同时,在地球上设置多个接收站,把激光束或微波束还原为电能,通过电网送给用户。

　　月球土壤中还含有丰富的氦3,利用氘和氦3进行的氦聚变可作为核电站发电的能源,这种聚变不产生中子,安全无污染,是容易控制的核聚变,不仅可用于地面核电站,而且特别适合宇宙航行。据悉,月球土壤中氦3的含量估计为715000吨。从月球土壤中每提取一吨氦3,可得到6300吨氢、70吨氮和1600吨碳。从目前的分析看, 由于月球的氦3蕴藏量大,对于未来能源比较紧缺的地球来说,无疑是雪中送炭。许多航天大国已将获取氦3作为开发月球的重要目标之一。

# 新型燃料电池

美国科学家设计出一种可利用海底淤泥中有机碎屑的新型燃料电池。它可以给设在偏远海域的海洋探测器提供能源。

美国海军研究实验室和俄勒冈州立大学科学家们在最新一期《自然生物技术》杂志上发表文章说,他们在两个直径 14 厘米的石墨盘上安装电极,并在盘上钻出小洞,以增加化学反应的面积。研究人员把其中一个小盘埋入海底沉积物中,另一个置于水面上。埋在海底的盘上逐渐增长的细菌在消化有机物时能把电子集中到电极上,然后电子通过水中的氧传输到水面的电极,这就形成电流。它产生的功率达 0.02 毫瓦,这已经足够驱动简单的海洋探测器了。

因为细菌消化的有机物材料可以不断从沉入海底的生物碎屑得到补充所以发电的原材料不必担心,而此前由于更换电池成本昂贵,海洋探测器很少被放入偏远海域。

今年早些时候,曾有研究人员在美国《科学》杂志上报道,置于实验室水箱的电极上附某种细菌后,电极间传递的电流强度可以驱动袖珍计算器。

67

# 增加能源

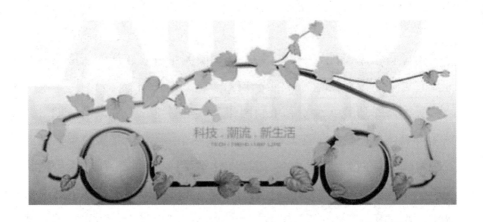

　　在能源消耗急剧增长的今天，人类对能源的需求越来越大，电能和其他动力性能源，已成为我们生活中不可缺少的必须能源，我们的生活方式越来越依赖于电能和现代化机械给我们带来的便利。可是，在这样的依赖和便利背后，我们不知不觉地给我们的生活环境造成了严重的破坏。空气中的有害气体和烟尘量的增加使我们的呼吸由享受沦落为一种为了生存而进行的挣扎；同时本来应属于我们子孙的一份埋在地下的发展基金也越来越少。因此，节约能源将成为人类社会可持续发展的一个重要途径。

　　节能并不意味着不消费或少消费能源。可持续发展的社会需要人民生活达到一定的发达水平，需要确保一定的能源消费以促进社会的稳定发展。节能可以靠节能技术来实现，节能技术是指一定量的能源投入能够产生更大效应的技术，即提高有效利用的能量与能源总体的能量之比。节能是与开发既有石化燃料和新能源并举以解决能源危机的根本途径。有关研究表明,世界能源总量的 50%~70% 由于现有的耗能设备和方式,被白白浪费掉了。特别是许多发展中国家,由于面临着众多的经济问题,能源发展的资金投入不足,使得能源应用技术迟迟得不到改进,造成严重的能源浪费。恶性循环使这些国家还要承担既贫穷又花费多的压力。据有关文献记载,发展中国家的电厂平均每千瓦小时的电消耗的燃料要比发达国家的同样电厂多44%。发展中国家的企业每生产一个单位的产品所消耗的能源要比发达国家多 2~3 倍。发展中国家的债务仅能源方面, 每年从南方流向北方的资本数额就要超过600亿美元。毋庸多言,有效的节能技术在无形中大大"增加"了可利用的能源。

# 太阳能电池

前不久，美国加利福尼亚伯克利大学科学家发明了一种新型柔性超薄太阳能电池，它可广泛应用于各种电子仪器。

据悉，新型电池用直径仅为 7 纳米的硒化镉制成纳米棒，纳米棒能将吸收的太阳光转变成电子。实验中，科学家将长度为 60 纳米的纳米棒放在聚合物半导体薄层里，聚合物放在电极之间，整个装置厚度为200 纳米，只有传统硅电池厚度的 1/10。

目前使用的高性能太阳能电池需要复杂的生产工艺才能制造出来，因此，生产成本十分高昂，而柔性太阳能电池可直接将太阳能收集到聚合材料中，从而使生产成本大幅度下降。科学家确信，这种柔性太阳能电池的应用前景将十分广阔。

据悉，这种新型太阳能电池处于研制初期，其光电转换率只有1.7％，另外，产生的电压太小。科学家打算通过改善纳米棒和聚合物特性的方法，进一步完善新型太阳能电池的性能。

# 能源的"坏处"

能源的生产和消费对全球经济发展和社会进步起着举足轻重的作用。然而,赖以生存的生态环境也对能源产生了副作用。

## 化石燃料对环境的影响

由于化石燃料是目前世界一次能源的主要部分,其开采、燃烧、耗用等方面的数量都很大,从而对环境的影响也令人关注。

对环境的影响最典型的是煤炭开采,其影响包括开采对土地的损害、对村庄的损害和对水资源的影响。据不完全统计,迄今为止平均每开采1万吨煤炭塌陷农田0.2公顷,平均每年塌陷2万公顷。开采造成水资源的污染对生态环境的影响也量大面广,平均每开采1吨原煤需排放2吨污水。有些地区,由于水源和江河湖海的严重污染,造成居民用水短缺。

化石燃料在利用过程中对环境的影响主要是燃烧时的各种气体与固体废物和发电时的余热所造成的污染。化石燃料产生的污染物对环境的影响主要有两个方面。一是全球气候变化:燃料中的碳转变为二氧化碳进入大气,使大气中二氧化碳的浓度增大,从而导致温室效应,改变了全球的气候,危害生态平衡。二是热污染:火电站发电所剩"余热"被排出到河流、湖泊、大气或海洋中,在多数情况下会引起热污染。例如，这种废热水进入水域时，其温度比水域的温度平均要高出 7 ~ 8 度，以致明显改变了原有的生态环境。

## 原子能化石燃料对环境的影响

核动力是利用铀 –235(或钚 –239)在中子轰击下发生裂变，同时释放出核能，将水加热成蒸汽，驱动发电机组，发出电来作为动力。由于核动力的燃料是核燃料(铀或钚)，相比于煤或石油的优点是无空气污染，无漏油等问题。但它的缺点是存在放射性污染，因此为了保证安全，要求由反应堆所产生的放射性废物应与环境隔离，不让它进入生态环境。目前国内外公认比较好的处理方法是深部地层埋藏，即将燃烧完的放射性废物进行玻璃固化后，将其埋藏于数百米深的岩层中。

首先在深部岩层中开挖洞室，将玻璃固化体装入不锈钢容器内，然后把容器放入洞室中，周围填充膨润土材料进行密闭，阻止万一情况下发生的放射性物质向周围的扩散和转移。

## 水力发电对环境的影响

水库建造的过程与建成之后，对环境的影响主要包括以下几个方面：

自然方面：巨大的水库可能引起地表活动，甚至有可能诱发地震。此外，还会引起流域水位上的改变，如下游水位降低或来自上游的泥沙减少等。水库建成后，由于蒸发量大，气候凉爽且较稳定，降雨量减少。

生物方面：对陆生生物而言，水库建成后，可能会造成大量的野生动植物被淹没死亡，甚至全部灭绝。对水生生物而言，由于上游生态环境的改变，会使鱼类受到影响，导致灭绝或种群数量减少。同时，由于上游水域面积的扩大,使某些生物(如钉螺)的栖息地点增加,为一些地区性疾病(如血吸虫病)的蔓延创造了条件。

物理化学性质方面:流入和流出水库的水在颜色和气味等物理化学性质方面发生改变,而且水库中各层水的密度、温度、熔解氧等也有所不同。深层水的水温低,沉积库底的有机物不能充分氧化而进行厌氧分解,水体中的二氧化碳含量明显增加。

社会经济方面:修建水库可以防洪、发电,也可以改善水的供应和管理,增加农田灌溉,但同时亦有不利之处。如受淹地区城市搬迁或农村移民安置会对社会结构、地区经济发展等产生影响。如果全局计划不周,社会生产和人民生活安排不当,还会引起一系列的社会问题。另外,自然景观和文物古迹的淹没与破坏,更是文化和经济上的一大损失,应当事先制定保护规划和落实保护措施。

水力发电

# 自行车的新动力

一直以来，电动自行车除自身性质(机动车、非机动车)难以界定外，是否环保也是其难以上路的绊脚石。据有关人士介绍，电动自行车的动力源铅酸电池中的铅在回收中容易流失，对环境存在二次污染。

在此次电动自行车展会上，记者发现了两种新型的动力电池。一种是镍

氢电池，每组由 30 个单体组成，每个单体重约 340 克，仅相当于装酒的酒瓶大小，合计 10 公斤左右。它是一种密封电池，可以在任何位置下工作，使用方便。该电池与普通的铅酸电池相比，二次污染的程度大大降低。同时，该电池可随时充放，循环使用，且不用维护。以过充过放为一次使用过程，预计可使用 1000 次。

另一种是锂电池，采取了 3 层保护措施，同样可抗过充过放，使用更安全方便。其显著特点为体积小、质量轻、使用寿命长、环保(不需要回收)。一组电池的重量仅为 4 公斤，如儿童用蜡笔盒大小，可安装在车筐

中,使整个电动自行车看上去更清秀苗条。

据专家介绍,目前市场上的电动自行车仍以胶体铅酸电池为主。记者在展览会上看到的环保效能更好的镍氢电池和锂电池则因为成本较高,导致配载这两种电池的电动自行车售价偏高,如装载镍氢电池的电动自行车售价在 3000 元左右,装载锂电池的售价则高达 4200 元。如果其成本有所下降,进而降低车的售价,那么以配载锂电池与镍氢电池为主的自行车将会大面积普及。

专家还介绍说,随着科技的发展,使用燃氢电池、纳米碳管(一个装电的容器,像拧水龙头一样放电)将是电动自行车动力源未来的发展方向。

# 光作能源

德国科学家日前发现一种单分子聚合物,在光照条件下,这种聚合物在纳米层次上的链式结构长度发生变化,即在纳米层次上首次实现了将光能转化为机械能。科学家认为,这一发现使未来的纳米机器找到简便可控的潜在动力成为可能。

德国慕尼黑大学和马克斯—普朗克学会的科学家说,他们发现的这种新型纳米机械是单个的感光聚合分子,呈链式结构,由物质偶氮苯构成。偶氮苯由两个苯环连接构成,具有顺、反两种异构体形式,两种异构体的物理性质差异较大。这种物质已在许多实验中表现出感光性,起到如同"光学开关"般的作用。

科学家发现,当他们用紫光对这种单分子聚合物进行多次照射后,其链式结构长度变长,而用波长相对较短的紫外线照射后,其长度随之变短。实验中,这种聚合物的长度变化可重复实现,直至其链式结构断裂为止。

科学家解释说,他们的这一发现具有实际应用价值。譬如,在实验中,他们曾将一个质量微小的"重物"垂直悬挂在纳米结构末端,组成一个用弹簧吊起重物的机械,结果成功见证了利用光照将"重物"吊起放下的过程。

科学家指出,这是人类首次在纳米层次上将光能转化成动能,这一成果为未来各种纳米机械提供了新的潜在能源。

# 能源危机

金属学及材料科学专家、两院院士师昌绪近日提出,解决能源危机的关键是能源材料的突破。其办法有三:一是提高燃烧效率以减少资源消耗;二是开发新能源,积极利用再生能源;三是开发新材料、新工艺,最大限度地实现节能。

师昌绪说,这三个方面都与材料有着密切的关系。对我国来说,首先要考虑的是提高能源生产效率,减少污染,当务之急是洁净煤燃烧。为了提高燃烧效率,要发展超临界蒸汽发电机组和整体煤气化联合循环技术,这些技术对材料的要求都十分苛刻。

另外,开发水力资源和生物质能也是首要之举,其次是发展地热能、风能和太阳能。太阳能和风能的利用存在较大的开发新材料问题。氢能和核能是新能源,但都存在安全使用问题。正在研究中的纳米碳管储氢能力高,受到广泛关注。已发现的高温超导材料都是氧化物,属于陶瓷材料,加工成型困难。磁性材料中硅钢是最重要的软磁材料,还不能大规模生产,永磁材料发展很快,但国产磁性材料性能还需进一步提高。蓄电池的用途也愈来愈广,锂离子电池很有发展前景,燃料电池效率高(50～80%),污染小、噪声低,主要用于航天,若用于交通与电站则需对其可靠性和长期稳定性做深入细致的工作,并经受实地检验。

师昌绪认为,化学能源要高效清洁生产,材料需不断改进;核能要得到不断发展,材料是关键之一;再生能源(特别是太阳能)的利用虽然诱人,材料是瓶颈。能源生产与节能先进技术无不建立在新材料不断发展的基础之上。

77

# 未来航空燃料

根据欧盟的"CRYOPLANE"计划,以"空中客车"公司为首的35家欧洲企业和研究中心经过26个月的研究后认为,液氢作为未来的航空燃料在技术上是可行的,使用液氢不但能极大地降低航空飞行对环境的影响,而且也能充分满足目前世界航空适航性的安全要求。

研究表明,相同重量液氢的能量含量比煤油高2.8倍,因而可以大大降低飞机起飞重量或者使飞机装载更多的货物。研究人员同时表示,液氢的体积以及必要的隔离设施较大地改变了目前飞机外形的设计,因此还需要对飞机燃料供应系统各种部件的组合进行补充研究。此外,氢燃料燃烧后排出大量的水(比煤油燃烧后多2.8倍),这些水如何形成冷凝带,会不会对飞行产生影响,也需要通过试飞进行更加深入的分析。

CRYOPIANE计划是欧盟于2000年推出的,目的是研究飞机使用液氢燃料的可行性,从而减少航空运输对空气的污染和对世界气候的影响。研究内容涉及飞机外形及性能、系统和元件、非传统推进系统的改进、飞行安全性、与环境的兼柞性、燃料生产和分销的基础设施、航空港的开发以及氢替代煤油的方式等。

有关统计表明,目前航空运输产生的二氧化碳,占温室气体总量的3%,而在今后10年中航空运输产生的二氧化碳仍将以每年4%~5%的速率增长。

# 利用食品残渣发电

　　日本井村制糕厂成功开发出一种电力设备，它能把食品残渣发酵产生的沼气作为发电燃料，进而转换成电能，这对环保很有益处。

　　据《日刊工业新闻》报道，这种新开发的"生物气体设备"是先把食品制作过程中溢出的液体和其他食品残渣进行发酵产生沼气，然后再把这种沼气输送到发电涡轮机中。其发电量每天为 40 千瓦，全部用于工厂的排水处理设施供电，基本上可以满足其一半的用电量。

　　日本井村制糕厂过去每天把 300 吨液体食品残渣烧掉，把 1400 吨的固体食品残渣化为肥料和饲料。但这些处理方法仍会放出有害气体，污染环境。

食品残渣发电

# 核聚变研究

　　进入 21 世纪，核聚变研究在世界上取得了一些令人鼓舞的成果，向着实用化方向迈出了一大步。

　　2001 年 8 月，日本大阪大学和英国的科学家开发出一种新方法，使用这种方法只需过去一半的能源就能够引发核聚变反应。据大阪大学激光核聚变研究中心发表在英国《自然》杂志上的论文介绍，科研人员使用激光照射由重氢和碳制成的、直径大约 500 微米的中空燃料球，并对它进行超高密度的压缩，然后使用输出功率为 100 兆瓦的超高强度激光，在万亿分之一秒的时间内把它加热到数百万摄氏度，进而引发核聚变。这种方法与使用激光照射同时进行压缩和加热的"爆缩加热"方法相比，可节约大约一半的能源，它只用约 1.3 千焦的能量就能引发核聚变反应。科学家认为这种方法适合制造小型廉价的核聚变反应堆，另外实验装置的制造成本因此也有可能大大降低，因而实用意义巨大。

　　此外，日本文部科学省核聚变科学研究所的科学家宣布，它的大型螺旋式核聚变装置已经把等离子体的温度提高到 5000 万摄氏度和 1 亿摄氏度。据该所发表的信息说，这一装置使用氢和氦做燃料，通过微波加热，电子密度为每立方厘米 5 万亿个，在 0.06 秒的时间内把等离子体约束在强磁场里，温度达到 1 亿摄氏度。据了解，这一温度是世界最高记录。

　　核聚变是利用氢的同位素氘、氚在超高温等条件下发生聚变反应而获得巨大能量的技术,它被认为是未来世界能源的希望所在,日本在这一领域居于领先地位。中国在激光核聚变研究领域起步也比较早,并在 20 世纪 70 年代末到 80 年代间建造了自己的用于激光核聚变研究的激光器——神光装置。

作为一种几乎取之不尽、用之不竭的洁净能源,核聚变的实现需要满足如下条件:在 1 亿摄氏度高温下,把氘和氚密封在容器里,控制其电子密度为每立方厘米 100 万亿个,维持时间在 1 秒钟以上。一旦核聚变在商业上获得成功, 它必将给人类的生产和生活方式带来深远的影响。

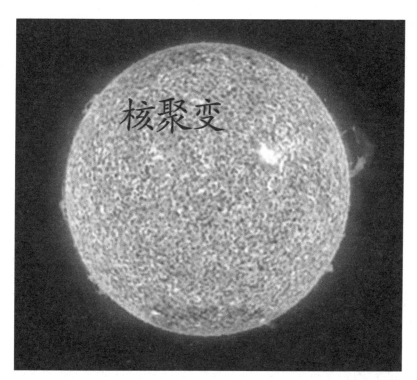

# 气泡核聚变和超声核聚变

由美国橡树岭国家实验室和俄国科学院的科学家组成的研究小组,通过让一个大烧杯所装液体中小气泡产生的内部爆炸,在实验室获得核聚变的效果。实验中,他们采用氘化丙酮液体,对液体施加中子脉冲,使其产生微型气泡,并利用超声波使这些气泡不断地扩大。随着超声波强度的增加,气泡膨胀到一定大小后便发生爆裂,同时产生几千度高温和局部的高压,并伴有大量的冲击波、闪光和能量的释放。这一过程的持续时间为 1 微微秒。美俄科学家说,上述试验符合核聚变的两个主要标准:产生氚和释放巨大的中子能量。

为验证实验结果的真伪,橡树岭国家实验室的副主任让两名物理学家夏皮拉和萨尔特马施进行重复试验。实验结束后,两位科学家说,他们未发现中子与爆裂发出的闪光有任何关联。

论文同行评议人劳伦斯·利物莫尔实验室的物理学家莫斯说:"基础研究中重大突破的认定,必须符合最高的检验标准。""气泡核聚变可能会获诺贝尔奖,因此很容易使一些人失去客观公正性"。莫斯没有参与论文的发表,但他几年前曾在其论文中阐述过,气泡核聚变是可能的。

目前,核聚变研究集中于两种方式:磁约束核聚变和激光引发核聚变。但这两种方法既费钱又复杂。参与气泡核聚变研究的拉海认为,由于参加大型核聚变计划的研究人员,担心气泡核聚变影响他们计划的研究经费,这客观上也影响了夏皮拉等人的试验重复工作。另外,夏皮拉和萨尔特马施也没有很好地调试所有的仪器。事实上,夏皮拉观测到了中子,只是对实验数据有不同的解释。

气泡核聚变是采用所谓"声致冷光"原理。它利用超声波能在液体中产生小气泡,气泡可膨胀到原来体积的许多倍,然后爆裂,并发出一束闪光。同行评议人华盛顿大学应用物理实验室研究人员克鲁姆说:"现在当务之急是证实是否真的发生了气泡核聚变,如果被证实,将会有很多公司开始建造气泡聚变动力源。"

最新出版的《商业周刊》撰文称,气泡核聚变这种小型装置,还可以得到其他方面的广泛应用。如对食品的消毒、通过提高反应温度来增加化工产品的产量以及经济实用的机场爆炸物中子束探测器等。

虽然气泡核聚变命运难测,但与"气泡核聚变"相关的另一种技术——"超声核聚变"已进入商业化开发阶段。所谓超声核聚变就是用超声波触发核聚变。几年前,泰斯恩创建"脉冲装置公司",雇佣"声致冷光"的研究人员开发直径6米的超声聚变反应堆。泰斯恩目前正与洛斯阿拉莫斯实验室谈判,以核实其计算机模型。超声聚变先驱者斯特林哈姆,20世纪90年代中已成立公司,最近该公司建了几座示范性超声聚变装置。他于2003年3月22日在美国物理学会会议上报告了他的最新进展。这次会议的协调人楚博预测,研究人员最终会发现一种奇异的反应,来解释气泡核聚变的工作原理。他说,随着越来越多的物理学家参与这一研究,未来几个月将会出现更多令人惊奇的发现。

# 硅能蓄电池

中国硅能集团研发中心于 2004 年 3 月 11 日宣布，经过 6 年努力，他们成功研制硅能蓄电池。这种蓄电池在获得巨大、持久电能的同时，从根本上解决了传统铅酸蓄电池严重污染环境的弊病，各项使用指标及环保性能，均大大优于目前国内外普遍

使用的传统铅酸蓄电池。专题查新及申报国际专利查新证明，硅能蓄电池的研制成功未见文献报道，属国内外首创。它标志中国在蓄电池自主知识产权的高新技术开发上走到了世界前列。

近 10 年来，汽车、通讯、电力、交通、计算机等蓄电池应用产业的迅速发展，使我国对蓄电池的需求以每年 10% 的速度快速增长。但由于传统铅酸蓄电池硫酸液在生产、使用和废弃的过程中，对自然环境造成毁坏性的污染，成为这产品发展的致命伤，急需寻找新工艺、新技术、新材料、新结构，对其更新换代。据硅能蓄电池的研制者——中国硅能集团的冯月生研究员介绍，硅能蓄电池实现了这一技术进步。它采用经济型原料液态低钠硅盐化成液替代硫酸溶液，为蓄电池制造提供了一种全新概念的电解质，基本克服传统铅酸蓄电池的主要缺点。它采用创新的密封内化成技术，生产全过程不产生腐蚀性气体，实现了制造过程、使用过程以及废弃物均无污染。

据悉，硅能蓄电池克服了铅酸蓄电池不能大电流充放电的一系列缺点。其大电流放电和耐低温领域优点突出，而大电流放电正是动力电池所必备的基本条件。与其他多种改良的铅酸蓄电池比较，硅能蓄电池电解质改型带来的产品性能进步明显，专家一致认为它掀起了电解质环保和制造业环保的新概念，完全顺应 21 世纪工业发展的根本潮流，是蓄电池技术的标志性进步之一。

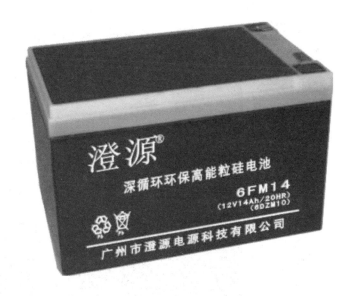

# 潮汐发电

　　凡在海边生活过的人都知道,海水时进时退,海面时涨时落。海水的这种自然涨落现象就是人们常说的潮汐。涨潮是由于月球的引潮力可使海面升高 0.246 米, 在两者的共同作用下, 潮汐的最大潮差为 8.9 米;北美芬迪湾蒙克顿港最大潮差竟达 19 米。据计算,世界海洋潮汐能蕴藏量约为 27 亿千瓦,若全部转换成电能,每年发电量大约为 1.2 万亿度。潮汐发电严格地讲应称为"潮汐能发电",潮汐能发电仅是海洋能发电的一种,但是它是海洋能利用中发展最早、规模最大、技术较成熟的一种。现代海洋能源开发主要就是指利用海洋能发电。利用海洋能发电的方式很多, 其中包括波力发电、潮汐发电、潮流发电、海水温差发电和海水含盐浓度差发电等, 而国内外已开发利用海洋能发电主要是潮汐发电。由于潮汐

发电的开发成本较高和技术上的原因,所以发展不快。

潮汐发电与水力发电的原理相似,它是利用潮水涨、落产生的水位差所具有势能来发电的,也就是把海水涨、落潮的

能量变为机械能,再把机械能转变为电能(发电)的过程。具体地说,潮汐发电就是在海湾或有潮汐的河口建一拦水堤坝,将海湾或河门与海洋隔开构成水库,再在坝内或坝房安装水轮发电机组,然后利用潮汐涨落时海水位的升降,使海水通过轮机转动水轮发电机组发电。

由于潮水的流动与河水的流动不同,它是不断变换方向的,因此就使得潮汐发电出现了不同的形式,如单库单向型,只能在落潮时发电;单库双向型,在涨、落潮时都能发电;双库双向型,可以连续发电,但经济上不合算,未见实际应用。世界上第一座具有经济价值,而且也是目前世界上最大的潮汐发电站,是1966年在法国西部沿海建造的朗斯洛潮汐电站,它使潮汐电站进入了实用阶段,其装机容量为24千瓦,年均发电量为5.44亿度。

# 垃圾发电

面对垃圾泛滥成灾的状况，世界各国的专家们已不仅限于控制和销毁垃圾这种被动"防守"，而是积极采取有力措施，进行科学合理的综合处理利用垃圾。

从 20 世纪 70 年代起，一些发达国家便着手运用焚烧垃圾产生的热量进行发电。欧美一些国家建起了垃圾发电站，美国某垃圾发电站的发电能力高达 100 兆瓦，每天处理垃圾 60 万吨。现在，德国的垃圾发电厂每年要花费巨资，从国外进口垃圾。据统计，目前全球已有各种类型的垃圾处理工厂近千家，预计 3 年内，各种垃圾综合利用工厂将增至 3000 家以上。科学家测算，垃圾中的二次能源如有机可燃物等，所含的热值高，焚烧 2 吨垃圾产生的热量大约相当于燃烧 1 吨煤。如果我国能将垃圾充分有效地用于发电，每年将节省煤炭 5000～6000 万吨，其"资源效益"极为可观。

垃圾发电之所以发展较慢,主要是受一些技术或工艺问题的制约,比如发电时燃烧产生的剧毒废气长期得不到有效解决。日本去年推广一种超级垃圾发电技术,采用新型气熔炉,将炉温升到500℃,发电效率也由过去的一般10%提高为25%左右,有毒废气排放量降为0.5%以内,低于国际规定标准。当然,现在垃圾发电的成本仍然比传统的火力发电高。专家认为,随着垃圾回收、处理、运输、综合利用等各环节技术不断发展,工艺日益科学先进,垃圾发电方式很有可能会成为最经济的发电技术之一。从长远效益和综合指标看,将优于传统的电力生产。我国的垃圾发电刚刚起步,但前景乐观。

　　我国有丰富的垃圾资源,其中存在极大的潜在效益。现在,全国城市每年因垃圾造成的损失约近300亿元(运输费、处理费等),而将其综合利用却能创造2500亿元的效益。目前,上海等城市已开始建造垃圾发电厂。

# "气泡核聚变"现象

2004 年 3 月 8 日出版的美国《科学》杂志报道说，由俄罗斯科学院和美国密歇根大学的科学人员组成的研究小组在一项实验中发现，氘化丙酮溶液中微小气泡产生的内部爆炸，能够释放出巨大的中子能，产生类似核聚变的效果。专家认为，如果这一实验结果得到证实，预示着核物理研究将会出现一次重大突破。

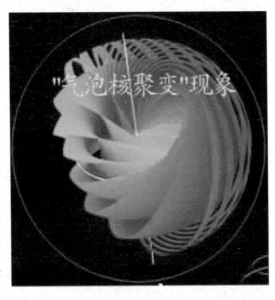

实验中，科学家们首先将丙酮分子中的氢原子都以氢同位素氘取代，然后对丙酮液施加中子脉冲，使其产生蒸气泡，继而利用声波使这些微小气泡保持快速而稳定的扩大。当声波的声压达到一定值时，丙酮液体的小气泡会在迅速膨胀后突然崩溃并闭合，同时产生千万摄氏度的高温和局部高压，并伴有强大的冲击波、闪光以及巨大的能量，这种状态持续了大约 1 微微秒。

科学家解释说，上述实验中的参数符合核聚变的两个主要标准，即氚的产生和巨大中子能的释放。他们表示,在实验中气泡闭合时产生的极高温度,不仅使氚化丙酮中的氘聚合成了氚,而且还释放出了多达250万电子伏的中子能,与氘核聚变产生的能量在数量级上相当。

实验过程中,科研人员还发现,该核反应过程中温度的产生机制同太阳活动中温度形成的过程一样。这一科研成果表明,一方面,在比较低的温度下建立受控热核反应的方法有了新的可能,另一方面,类似太阳活动过程的一种新的、更简单的获得核能的方法有望取得成功。

有关专家认为,利用这种核反应现象,核能研究人员将能获得相对廉价、更安全的核粒子聚变的方法,可以研制新类型的原子弹。但也有包括美国橡树岭国家实验室的研究人员在内的专家对实验结果存在疑问,质疑上述研究成果。

据悉,该研究小组计划将在近期重复他们的实验,以进一步证实他们的重大发现。

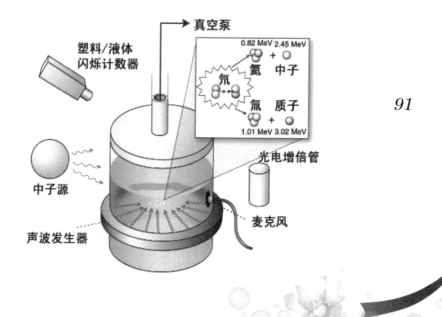

# 高层建筑发电

　　无论是风力发电,还是气流发电,都是靠风或气流来推动涡轮机叶片,由发电机将风能和气流能转换成电能。科学家发现,在高层建筑之间有着较强的气流,如装上涡轮发电机和风、气流发电设备同样也能发出电来。但是,这一技术迄今未能引起人们的注意。

　　最近,欧盟推出在高层建筑群之间发电的项目(WEB-En-ergy for the buih Enviroment),有望改变城市供电结构。目前,安装风力发电机组的地区均为人烟稀少的地区,在那里发出的电能经能源公司输送到城市,无形中增加了电的成本。但参与该项目的 3 家英国机构和德国斯图加特大学,则将几年来获得的研究成果变成了现实。

　　实验模型是在两座塔之间建一座楼房,在两座塔之间安装 3 台涡轮发电机,将楼之间的风和气流转换成电能。其特点是,高楼可以以特殊方式将风吸入涡轮机。其实该原理并不陌生,人们只要站在楼群之间便会感觉到一股股风的吸力。两座楼房之间墙体垂直,风到这里不会被吹散,而是直接"全力"吹入涡轮机而且比空旷地带的风更集中,加上电机的吸力,可以使瞬时功率加倍。根据计算,用这种方法可比普通风力发电机多发出 25% 的电能。但因为楼群是固定的,不会随风转向,只要风的入射角达到 50 度就可以发出与普通发电机等同的电能。从理论上说,30 至 50 度的入射角也是最佳角度。另外,欧洲城市的风速一般平均能达到每秒 2 至 5 米,且风向不断变化,因此该技术尤其适合这种条件。研究人员在风洞中借助计算机模拟技术对各种条件进行了试验,结果表明:楼顶、墙面对发电均无影响。目前,在英国牛津地区已经架设了一台高 7 米的样机。斯图加特大学建筑设计研究所也设计出一台同原理的样机。科学家根据发电模型计算出,3 台发电机发出的电能可以满足两座楼房的 20% 的电能需求,如果采用先进的电子数据处理系统,将可大大提高发电效率。

从目前情况看,尽管在高层建筑群之间发电理论上是可行的,但实施起来困难很多。例如,很难找到能够安装风力或气流发电机的位置,加上特殊形式的电机造价高,它们所发出的电的价值难以抵消成本。此外,楼群之间有很强的无线电、电视信号,这些信号会干扰发电机叶片运转。如果能够找到安装位置,那它们也会影响市容,并在工作时产生噪音。因此,如果不从根本上解决上述问题,这种发电方式还是很难被城市所接受。

高层建筑发电

# 何谓可燃冰

"冰"怎么会"可燃"?即使是二氧化碳在超低温状态下形成的"干冰"也不可燃。但确有"可燃冰"存在,它是甲烷类天然气被包进水分子中,在海底低温与压力下形成的一种类似冰的透明结晶。据专家介绍,1立方米"可燃冰"释放出的能量相当于164立方米的天然气。目前国际科技界公认的全球"可燃冰"总能量,是所有煤、石油、天然气总和的2~3倍。美国和日本最早在各自海域发现了它。我国近年来也开始对其进行研究。

"可燃冰"的主要成分是甲烷与水分子($CH_4 \cdot H_2O$)。它的形成与海底石油、天然气的形成过程相似,而且密切相关。埋于海底地层深处的大量有机质在缺氧环境中,厌气性细菌把有机质分解,最后形成石油和天然气(石油气)。其中许多天然气又被包进水分子中,在海底的低温与压力下又形成"可燃冰"。

这是因为天然气有个特殊性能,它和水可以在温度2~5摄氏度内结晶,这个结晶就是"可燃冰"。

有天然气的地方不一定都有"可燃冰",因为形成"可燃冰"除了压力主要还在于低温,所以"可燃冰"一般在冰土带的地方较多。长期以来,有人认为我国的海域纬度较低,不可能存在"可燃冰";而实际上我国东海、南海都具备生成条件。

东海底下有个东海盆地,面积达25万平方公里。经20年勘测,该盆地已获得1484亿立方米天然气探明加控制储量。尔后,中国工程院院士、海洋专家金翔龙带领的课题组根据天然气水化物存在的必备条件,在东海找出了"可燃冰"存在的温度和压力范围,并根据地温梯度,结合东海地质条件,勾画出"可燃冰"的分布区域,计算出它的稳定带的厚度,对资源量做了初步评估,得出"蕴藏量很可观"结论。这为周边地区在新世纪使用局效新能源开辟了更广阔的前景。

# 天然可燃冰开采试验获得成功

日本经济产业省在 2004 年 11 日发布信息说,开采天然可燃冰的实验获得了成功。在今后的 10 年中,要开发出实用技术,以便运用于日本近海海底可燃冰的开采。

开采试验是在加拿大的西北部进行的。除日本的石油公司、东京大学、产业技术综合研究所外,加拿大地质调查所、美国地质调查所、德国地球科学研究所都参加了这一试验。试验中,工作人员打了一口深 1200 米的钻井,井一直通到可燃冰层,通过井注入温水后,可燃冰里的甲烷便溶在了温水中,然后把溶有甲烷的温水再抽回地面,进行分离得到甲烷。

可燃冰又称甲烷水化物,多数蕴藏在地球高纬度的永久冻土带或深海海底 100~300 米的地下。可燃冰是甲烷在低温高压条件下吸入水分子而形成的结晶体。其形成的条件是:一要有数千年前动植物尸骸释放的甲烷气;二要有丰富的水;三要具备低温高压环境。

甲烷分子只有一个碳原子,其燃烧时二氧化碳的排放少,且没有硫化物生成。因此,天然可燃冰是一种理想的清洁能源。

科学家预测,地球海底天然可燃冰的蕴藏量约为 $5 \times 10^{18}$ 立方米,相当于目前世界年能源消费量的 200 倍。据 1999 年 11 月日本资源能源厅的调查,日本南部海沟蕴藏可燃冰的区域可达 42000 平方公里,储量约为目前日本年天然气消费量的 1400 倍。

95

天然可燃冰呈固态，不会像石油开采那样自喷流出。如果把它从海底一块块搬出，在从海底到海面的运送过程中甲烷就会挥发殆尽，同时还会给大气造成巨大危害。为了获取这种清洁能源，世界许多国家都在研究天然可燃冰的开采方法。有关专家认为，这次日本等国的试验成功，必将大大加快天然可燃冰进入人类现代生活的进程。

# 我国实验室人工合成提取"可燃冰"获得成功

"可燃冰"作为天然气水合物的固态形式存在于海洋深处的岩层中，它的形成条件和提取方式一直都是地质学家研究的重点。日前，我国科学家在模拟实验室中合成出了"可燃冰"，并成功的点燃了提取出的气体。

这项实验是在青岛海洋地质研究所的天然气水合物模拟实验室中完成的。实验通过模拟海底低温高压的环境使反映釜中的水和气体发生了变化，并通过安装在反映釜中的微型摄像镜头记录下了这一变化的全过程。

青岛海洋地质研究所实验中心主任业渝光说："先把水放在高压釜里，这个画面就是把釜里的空气抽出来，为了使气体溶在水里，我们用磁力搅拌器搅拌它。在降温过程中，水合物逐渐由小到大最终结成如雪块状物质，因为水合物比重比水轻，因此水合物漂在水的上面。"

经过几十个小时，固化后的天然气水合物就成了我们所说的"可燃冰"。

业渝光接着说："这种絮状物是不是可燃冰，只有点燃了才知道。现在我们成功的点燃了，这就证明实验室模拟海洋环境可以制成可燃冰。"

据了解，由于各海域地质条件不同，所存在的天然气水合物的成分和形成机制也有所不同，实验室研究结果将为技术勘查和资源评价提供依据。

据青岛海洋地质研究所所长刘守全介绍，这个实验室是我们自行设计安装的，在国内同类实验室中是唯一可带沉积物的实验室。在我们下一步的海底勘探研究中，这些参数是非常必要的。

# "生物柴油"

保加利亚自产的"生物柴油"于近日上市销售，已有 10 到 12 家公司开始使用这种新型环保燃料。据保加利亚《24 小时报》7 日报道，保加利亚生物燃料和再生能源协会通过加工使用过的食用油，来生产"生物柴油"，年产量可达 300 吨。它实际上是甲基酯菜籽油或甲基酯植物油，生产原料为向日葵、大豆等等。市场售价每升为 1.1 列弗（2.2 列弗约合 1 美元）的这种"生物柴油"可以取代柴油，也可与柴油混合使用。而且，它完全由可再生原料提炼而成，在燃烧过程中产生的二氧化碳量大大低于普通柴油，对环境

的污染比普通柴油小得多。目前，已有美国、德国、巴西、阿根廷等国投入生产这种生物柴油。

# 人造石油

日本宝酒造公司与京都大学、大阪大学的联合科研小组发表消息说,他们在对合成石油的细菌的基因组研究中,成功地确认了2194个与石油合成有关的遗传因子,这在世界上还属首次。科研小组今后将对这些遗传因子逐个进行鉴定,努力开发人造石油的技术。

宝酒造公司下属的巨龙公司利用京都大学今中忠行教授发现的石油合成菌,进行了遗传因子数量的界定工作。在石油合成菌的5451个遗传因子中,发现共有2194个遗传因子与石油合成有关。

石油合成菌是在油田附近被发现的,其具有把二氧化碳和氢合成为石油主成分碳氢化合物的功能。如果能把这些与石油合成有关的遗传因子搞清楚,利用转基因技术将其植入其他的细菌体内,就能开发出高效石油合成技术。

当然,从基因组信息来进一步破译与石油合成有关的遗传因子的功能,仍是一项十分复杂的工作。但宝酒造的这一科研成果,打开了人造石油研究与开发之门,为人类解决能源问题带来光明的前景。

# 核聚变能源

核能是能源家族的新成员，它包括裂变能和聚变能两种主要形式。裂变能是重金属元素的质子通过裂变而释放的巨大能量，目前已经实现商用化。因为裂变需要的铀等重金属元素在地球上含量稀少，而且常规裂变反应堆会产生长寿命放射性较强的核废料，这些因素限制了裂变能的发展。另一种核能形式是目前尚未实现商用化的聚变能。

核聚变是两个较轻的原子核聚合为一个较重的原子核，并释放出能量的过程。自然界中最容易实现的聚变反应是氢的同位素氘与氚的聚变，这种反应在太阳上已经持续了 150 亿年。氘在地球的海水中藏量丰富，多达 40 万亿吨，如全部用于聚变反应，释放出的能量足够人类使用几百亿年，而且反应产物是无放射性污染的氦。另外，由于核聚变需要极高温度，一旦某一环节出现问题，燃料温度下降，聚变反应就会自动中止。也就是说，聚变堆是次临界堆，绝对不会发生类似前苏联切尔诺贝利核 (裂变)电站的事故，它是安全的。因此，聚变能是一种无限的、清洁的、安全的新能源。这就是为什么世界各国，尤其是发达国家不遗余力，竞相研究、开发聚变能的原因所在。

# 可控的聚变能

其实，人类已经实现了氘氚核聚变氢弹爆炸，但那种不可控制的瞬间能量释放只会给人类带来灾难。人类需要的是实现受控核聚变，以解决能源危机。聚变的第一步是要使燃料处于等离子体态，即进入物质第四态。等离子体是一种充分电离的、整体呈电中性的气体。在等离子体中，由于高温，电子已获得足够的能量摆脱原子核的束缚，原子核完全裸露，为核子的碰撞准备了条件。当等离子体的温度达到几千万摄氏度甚至几亿度时，原子核就可以克服斥力聚合在一起，如果同时还有足够的密度和足够长的热能约束时间，这种聚变反应就可以稳定地持续进行。等离子体的温度、密度和热能约束时间三者乘积称为"聚变三重积"，当它达到1022时，聚变反应输出的功率等于为驱动聚变反应而输入的功率，必须超过这一基本值，聚变反应才能自持进行。由于三重积的苛刻要求，受控核聚变堆要等到21世纪中叶才可能实现。作为21世纪理想的换代新能源，核聚变的研究和发展对中国和亚洲等能源需求巨大、化石燃料资源不足的发展中国家和地区有特别重要的战略意义。

101

# 受控核聚变研究

受控热核聚变能的研究分惯性约束和磁约束两种途径。惯性约束是利用超高强度的激光在极短的时间内辐照靶板来产生聚变。磁约束是利用强磁场可以很好地约束带电粒子这个特性，构造一个特殊的磁容器，建成聚变反应堆，在其中将聚变材料加热至数亿摄氏度高温，实现聚变反应。20 世纪下半叶，聚变能的研究取得了重大的进展，托卡马克类型的磁约束研究领先于其他途径。

托卡马克是前苏联科学家于上世纪 60 年代发明的一种环形磁约束装置。美、日、欧等发达国家的大型常规托卡马克在短脉冲(数秒量级)运行条件下，做出了许多重要成果：等离子体温度已达 4.4 亿度；脉冲聚变输出功率超过 16 兆瓦；Q 值 (表示输出功率与输入功率之比) 已超过 1.25。所有这些成就都表明：在托卡马克上产生聚变能的科学可行性已被证实。但这些结果都是在数秒时间内以脉冲形式产生的，与实际反应堆的连续运行仍有较大的距离，其主要原因在于磁容器的产生是脉冲形式的。

受控热核聚变能研究的一次重大突破，就是将超导技术成功地应用于产生托卡马克强磁场的线圈上，建成了超导托卡马克，使得磁约束类型的连续稳态运行成为现实。超导托卡马克是公认的探索、解决未来具有超导堆芯的聚变反应堆工程及物理问题的最有效的途径。目前，全世界仅有俄、日、法、中四国拥有超导托卡马克。法国的超导托卡马克Tore-supra 体积是 HT-7 的 17.5 倍，它是世界上第一个真正实现高参数准稳态运行的装置，在放电时间长达 120 秒条件下，等离子体温度为两千万度，中心密度每立方米 $1.5 \times 1019$，放电时间是热能约束时间的数百倍。

核聚变

# 我国可控聚变能研究

中国加入 WTO 之后，科学、经济、技术会以更高的速度向前发展，我国对能源的需求将会急剧增加。随着资源和环境压力的增大，如何解决能源的洁净和可持续发展问题也日益紧迫。等离子体所制定了未来发展计划：

利用五年左右的时间，将等离子体子所建成以等离子体物理和磁约束聚变研究为主体、大科学工程为依托，以国家对能源的战略需求为目标，并有数项配套的大型技术物理装备为平台的未来战略新能源及相关技术研究的基地，并有广泛国际合作，在国际受控界有不可替代重要作用的、著名的研究所。在稳态托卡马克物理和相关技术方面成为具有世界领先水平、全方位开放的国际磁约束聚变研究的重要基地。

在今后五年内，等离子体所会以更加积极的姿态全面参加各种大型国际计划，如 ITER 计划。把我国聚变研究全面推向世界，使等离子体所成为国际著名的全面开放的磁约束聚变研究基地。每 2 年举办一次等离子体物理及应用等研究领域的国际学术会议，每年举办 1~2 次小型国际专题学术研讨会，并加强与第三世界国家的交流与合作，将等离子体所建设成为有较大影响和较高知名度的国际学术交流合作中心之一，同时还将建成 2~3 个国际联合专项实验室。

# 我国可控聚变能研究新成果

2002 年新年伊始，中国科学院等离子体物理研究所传出激动人心的好消息，HT–7 超导托卡马克实验再次获得重大突破，实现了在低杂波驱动下电子温度超过 500 万摄氏度、中心密度大于每立方米 $1.0 \times 10^{19}$、长达 20 秒可重复的高温等离子体的放电；实现了电子温度超过 1000 万摄氏度、中心密度大于每立方米 $1.2 \times 10^{19}$、超过 10 秒的高参数等离子体放电。在离子伯恩斯波和低杂波协同作用下，实现放电脉冲长度大于 100 信能、电子温度 2000 万摄氏度的高约束稳态运行；最高电子温度超过 3000 万摄氏度。中科院院长路甬祥院士、副院长白春礼院士和我国著名聚变物理学家霍裕平院士分别给等离子体所发去贺电，希望等离子体所的聚变科学家们能够再接再励，为中科院的知识创新工程、为中国的新能源事业做出更大贡献。

等离子体所近期取得的重大进展表明，HT–7 超导托卡马克已成为世界上第二个放电长度达到 1000 倍热能约束时间，温度为 1000 万摄氏度以上，能对稳态先进运行模式展开深入的物理和相关工程技术研究的超导装置。从总体宏观参数上比较，HT–7 已经超过体积大于 HT–7 三倍的俄国 T–10 超导托卡马克，在稳态高约束运行长度上已经达到世界领先水平。霍裕平院士在贺电中特别指出，等离子体所的研究成果为中国的聚变研究"进入一个有着丰富研究内容、和聚变反应堆有极密切联系的新领域打开了大门"，"进一步的工作将有可能为今后改进和简化聚变堆的设计提供有重要意义的依据。"

# 能源作物

　　数百年来,煤和石油一直在燃料王国里唱"主角",试想,煤和石油的"祖宗"既然都是远古时代的植物,那么能不能种植能源作物,像收割庄稼一样来"收获"石油呢?这将是21世纪普遍关注的一个新的问题。

　　理想的生物燃料作物应具有高效光合能力。从当前情况看,芒属作物可算是一种理想的生物燃料作物。"芒",原产于中国华北和日本,这种植物具有许多优点:

　　(1)生长迅速:它一季就能长3米高,所以当地人称它为"象草"。

　　(2)生长泼辣:这种作物从亚热带到温带的广阔地区到处都能生长,它在强日照和高温条件下生长茂盛,对肥水利用率高。在生长期间,可不施化肥和农药,凭它根状茎上的强大根系能有效地吸取养料。

　　(3)燃烧完全:"芒"在收割时比较干燥,植株体内只会有20%~30%的水分。这种作物在生长过程中从大气中吸收多少二氧化碳,燃烧时就释放多少二氧化碳,不增加大气中二氧化碳的含量。

　　(4)成本低:芒属作物所产生的能量相当于用油菜籽制作的生物柴油的两倍,其成本还不及种植油菜的1/3。

　　(5)产量高:据试验,这种生物燃料作物,每公顷产量高达44吨。如果1公顷平均年"收获"12吨石油,比其他现有任何能源植物都高,而且可连续收获多年。

　　绿色植物将向人们提供越来越多样的化学制品和能源。从能源作物提炼出来的生物柴油可以替代石油,降低人类对石油的过度依赖。因而能源作物的开发与种植,不仅使能源可再生和综合利用,减少环境污染,也为农业经济的复苏创造了契机。能源作物将成为人类开发再生能源的又一新途径。

能源作物是再生能源,取之不尽,用之不竭。德国奥尔登堡大学经讲学博士林奇聪在《能源季刊》发表的研究结果指出,每1公顷油菜可生产1200升植物油和1060升的氧气(40个人1年所需的氧气量)。植物油不仅可供食用,同时只要经过简单的化学反应,就可变成生物柴油;氧气对净化空气很有益处。

研究结果表明,生物柴油不含硫化物,因此不会形成酸雨现象;另外它可以借由生物分解,避免对土壤、地下水的污染。目前世界各国纷纷开往新能源,期望能在维持工业发展的同时,减少温室气体的排放量。

推广种植能源作物,不仅是国际环保的大势所趋,而且也是农业经济与改善土壤的要求所致。现代农业的高度生产、单一作物的种植以及过度机械化,导致严重的土壤流失,而不当的耕种方式、种植对上出有害的作物,造成了对环境的不良影响。种植能源作物,不仅可阻止土壤的流失,还可帮助土壤建立新土壤层。

到目前为止,科学家们已发现了40多种"石油"植物。专家们正在进行品种的选择和质量的优化,并准备尽快实行商业化生产。现在,欧洲一些国家已在大规模种植芒属植物,英国打算拿出150万英亩的土地来种植这种生物燃料作物。德国已兴建了一座发电能力为12万千瓦的发电厂,其燃料就是芒属植物、白杨、柳树的混合物和秸秆。

英国科学家与工程研究委员会不久前决定,将投资2000万英镑用于开发洁净能源新技术,其中向绿色植物要能源是这个研究计划的一部分。科学家们认为，现在普通植物对于阳光的利用效率不到4%，如果通过研究使其提高到5%，那么只要世界农田面积的1/10，就可提供相当于目前人类使用的全部化学燃料的能源。

科学家预言，在未来20～30年内，从事耕种的一部分农民将转而生产能源作物，并建立使用"生物燃料"为燃料的发电站。

芒

# 地下岩石发电

科学家研究发现，在地表面几千米处存在着温度逾千度的灼热岩石层，可以设想，火山爆发喷发出的火红岩浆就源于此。科学家称这种热能为岩石地热资源。如果能把灼热岩石中的热能取出变成电能，石头也便发了电。在此之前，科学家曾掌握了利用水文地热资源进行发电的方法，即把地下蒸汽或温泉的能量转化为电能，这种电能已占总发电量的 0.3％。把地下岩石中的热能取出来发电，是许多能源专家长期以来的梦想。

英荷罗雅·达奇舍石油公司正计划把这一梦想变成现实。不久前，该公司在萨尔瓦多组建了一个地热财团，准备利用先进的工艺技术解决岩石地热资源利用问题。根据这家财团的岩石地热开发方案，工程技术人员将利用先进的勘探技术在萨尔瓦多寻找地下灼热的岩石，然后通过钻探技术建立水压送注入系统，利用这个系统，地面冷水能够深入地下，并通过灼热岩石转化为热水或过热蒸汽返回地面，从而获取热能。在地面上再将热能转化为电能。按"罗雅·达奇舍"石油公司专家核算，他们能够建造功率为 2000～5000 千瓦的岩石地热发电站。

罗雅·达奇舍石油公司技术部经理达尔利说，"萨尔瓦多方案"是他们公司地热利用宏伟计划的一部分，公司计划在未来五年内投资 5～10 亿美元扩大岩石地热开采规模，让地下灼热的岩石在不远的将来成为人类主要能源之一。

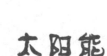

# 太阳能

在中国科技馆展览大厅里你会发现一辆精制的小车在光照下运行自如,一旦光照停止小车便停止运行。这就是光电池车,光成为它唯一的能源。

太阳为什么能不断放射出光和热?这是因为在太阳内部发生着核反应,温度高达1.5千万度,辐射出大量的热能。传到地球外大气层的太阳辐射能量相当于人类一年消耗的全部商品能量的28000倍。但是其中35%被反射回去,18%被大气层吸收,转变成风能,其余47%穿过大气层到达地球表面。如果我们能把落到地球上的太阳能全部收集起来,只要收集50分钟左右就够全世界人一年的能量消耗。

由于煤炭、石油等能源资源日益减少又污染环境,人们对太阳能的利用更加重视了,开始探索各种利用太阳能的方式。

太阳能最普遍的用途是把水加热用于供暖。这样的"太阳屋"已在很多地方试用。人们更关注的是把太阳能用于工业和其他产业部门,利用太阳能发电则是最理想的办法。目前利用太阳能发电有两种办法,一种是用太阳能加热液体,把液体变成蒸气用以驱动涡轮机发电。意大利的圣伊拉里奥纳维建立了这样一个装置,使270面直径为90厘米的镜子随着太阳光转动,把太阳光反射到一座高塔上的中央接收器上,这样就能产生500℃的过热蒸气。美国加利福尼亚洲斯托附近沙漠地区也建了一座类似的太阳能发电站,它采用了由1818块能自动跟踪太阳的日光反射镜,将日光反射到中央日光集中塔上。这座发电站的总装机容量为 1.08 万千瓦。

另一种利用太阳能发电的方式是用太阳能电池供电。1954 年,美国贝尔电话公司研制成第一批实用装置。他们发现,在一片很薄的砖片下放一块更薄的浸过硼的砖片,就构成太阳能电池,可以将阳光直接变成电能。光线照在上层,使电子迁移到下层,在两层之间产生电压差。如果要产生较大的电流,须把一系列太阳能电池串联起来,把产生的电压加大。太阳能电池有很多优点,没有活动部件,使用寿命长,保养费用极低,又不需燃料。但缺点是效率低,理论上最高效率只有 25%,实际不到16%。硅虽然便宜,但制造太阳能电池所需的晶硅却很贵。不过在某些情况下,由于太阳能电池使用方便,即使造价贵也划算,所以几乎所有的太空飞行器都用太阳能电池。有些灯塔、人造卫星等不适合装载燃料或连接电源的设备,太阳能电池是最佳选择。

太阳能将成为未来能源的主流,这已为人们所共识。但要做到这一步,还有许多亟待解决的问题。太阳能集热设备和太阳能电池造价高,还有一个人们常想的问题没有太阳时怎么办?受到夜间和阴雨气候的影响,这是利用太阳能所遇到的最大限制。但随着科技的进步,这种限制正逐步缩小。目前,一般家庭太阳能热水器,都有储热槽储存热水,高级一点的储热装置,即使连续一两天阴雨,仍能使用前日储存的热水。还有固体储热和化学储热法。

*111*

在美国的太空计划中,未来的太阳能发电厂将设于地球上空约6000 公里的卫星轨道上,然后利用微波将电能传回地球,从此再不受日夜或云雨的影响。

# 能源家族新成员

## 你知道能源吗

"能源"这一术语,过去人们谈论得很少,正是两次石油危机使它成了人们议论的热点。那么,究竟什么是"能源"呢?关于能源的定义,目前约有20种。例如,《科学技术百科全书》说:"能源是可从其获得热、光和动力之类能量的资源";《大英百科全书》说:"能源是一个包括所有燃料、流水、阳光和风的术语, 人类用适当的转换手段便可让它为自己提供所需的能量";《日本大百科全书》说:"在各种生产活动中,我们利用热能、机械能、光能、电能等来作功,可利用来作为这些能量源泉的自然界中的各种载体,称为能源";我国的《能源百科全书》说:"能源是可以直接或经转换提供人类所需的光、热、动力等任一形式能量的载能体资源。"可见,能源是一种呈多种形式的,且可以相互转换的能量的源泉。确切而简单地说,能源是自然界中能为人类提供某种形式能量的物质资源。

人们通常按能源的形态特征或转换与应用的层次对它进行分类。世界能源委员会推荐的能源类型分为:固体燃料、液体燃料、气体燃料、水能、电能、太阳能、生物质能、风能、核能、海洋能和地热能,其中前三个类型统称化石燃料或化石能源。已被人类认识的上述能源,在一定件件下可以转换为我们所需的某种形式的能量。比如薪柴和煤炭,把它们加热到一定温度,它们能和空气中的氧气化合并放出大量的热能。我们可以用热来取暖、做饭或制冷;也可以用热来产生蒸汽,用蒸汽推动汽轮机,使热能变成机械能;也可以用汽轮机带动发电机,使机械能变成电能;如果把电送到工厂、企业、机关、农牧林区和住户,它又可以转换成机械能、光能或热能。

# 能源家族

能源家族成员种类繁多,而且新成员不断加入。概括地说凡是能被人类利用以获得有用能量的各种来源都可以加入到能源家族中来。能源家族从不同的角度可以划分不同的成员,从其产生的方式以及是否可再利用的角度可分为一次能源和二次能源、可再生能源和不可再生能源;根据能源消耗后是否造成环境污染可分为污染型能源和清洁型能源;根据使用的类型又可分为常规能源和新型能源。

一次能源:有可再生的水力资源和不可再生的煤炭、石油、天然气资源。其中,水、石油和天然气是当今世界一次能源的三大支柱,它们构成了全球能源家族结构的基本框架。另外,一次能源小家族中也列入了像太阳能、风能、地热能、海洋能、生物能以及核能。

二次能源:包括电力、煤气、汽油、柴油、焦炭、洁净煤、激光和沼气等等。

污染型能源:包括像煤炭、石油等;清洁型能源:包括像水力、电力、太阳能、风能和核能等。

常规能源:包括一次能源中的可再生的水力资源和不可再生的煤炭、石油、天然气等资源。

新型能源:包括太阳能、风能、地热能、海洋能、生物能以及用于核能发电的核燃料等。

# 尖端性节能技术开发

世界性能源危机发生后，人们强烈地感受到世界经济的发展越来越受到能源短缺的威胁，而另一方面，人们发现现有的耗能设备和耗能方式竟使世界能源总量的 50％到 70％被白白浪费掉了，节能技术的开发正悄然兴起。

这里仅介绍一些新型的尖端性节能技术开发情况。

## 为实现高效率反应而进行高性能材料研究

为实现能量技术的飞跃发展，从微观逻辑学的观点寻求打破常规的具有突破性机能的材料，并将之应用于存在行动部的系统，以求降低生产过程的能源消耗，可用于高温高压下无法避免摩擦的塑性加工用工具材料或防腐蚀对策用材料，同时还可以减轻甚至减免所有的机械装置的可动部的维修管理负担。

## 纳米空间新型能量材料的应用研究

以化学热泵系统的反应分离材料的应用为目的，使用湿式或者干式的各种制膜法，研讨纳米空间材料膜的形成机理，探明其功能和制膜条件的关系等,以求创造出新的能源材料。

# 关于催化剂多元化开发研究

在化学反应中,决定合成物的选择性和收支率的物质是催化剂,从提高反应过程的能量效率和减少副生成物的观点出发,对催化剂的高性能提出更高的要求。以开发完全选择性催化剂为目的,从微观上在原子和分子水平对固体催化剂的活性点进行控制,创造出性能优良的新型活化点催化材料,然后将这些进行多元化复合,实现催化剂的高效化。

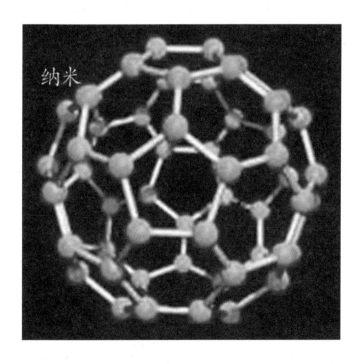

# 低公害节能汽车

　　20 年后的汽车会是什么样子呢?现在全世界约有 5.5 亿辆以上的汽车在公路上行驶。随着汽车的普及,石油资源的枯竭,环境污染及地球大气的温暖化等危及人类生存的问题日益严重。为了减轻上述问题,在本世纪 60 年代以来,人们发明了各种低公害节能汽车,如电动汽车、甲醇汽车、天然气汽车。现在,这些新型汽车已经开出了展览厅,走向了实用阶段,正在各发达国家日益普及。

　　电动汽车是通过高能蓄电池中的直流电转换成交流电,驱动永久磁石式电机旋转从而带动汽车行驶。由于没有汽油发动机的燃烧、膨胀、排气等过程,电动汽车不像普通汽车那样排放含有铅、硫、氮的氧化物等有害气体,同时噪声约为同等动力的普通汽车的 1/4。由于提供电动汽车所需电力的发电厂的排放废气容易得到有效的控制,且发电厂的能源的有效转换率比普通汽车高得多,因此电动汽车的单位行走距离所排放的污染物质比普通汽车小得多,同时节省能量,所以电动汽车是一种非常有前途的低公害节能汽车。

　　甲醇汽车是另一种新型的低公害节能汽车,它是以酒精类的甲醇作为燃料的汽车。甲醇汽车的最高时速、马力等性能和普通汽车差不多,但排出废气中的铅、氮的氧化物减少一半,并且基本不冒黑烟。用作燃料的甲醇来源很广,可以从天然气、劣质煤、油砂、木屑等凡是能产生一氧化碳和氢气的物质中提炼出来。而且,甲醇生产有工艺简单,设备少,运输方便等特点。

现在,日本政府正以减轻税金,提供一次性补助等方法来促进低公害车的普及。从 1998 年开始,美国加利福尼亚洲已要求汽车贩卖店有贩卖一定比例电动汽车的义务。同时,各汽车公司也正设法开发新产品,降低低公害车的成本,增加充电设备及燃料供应网点等,为大规模普及低公害节能汽车作准备。低公害节能汽车已日渐成为 21 世纪的关键词。有人预测,在 21 世纪初期,低公害节能汽车将成为年轻人的时髦品。

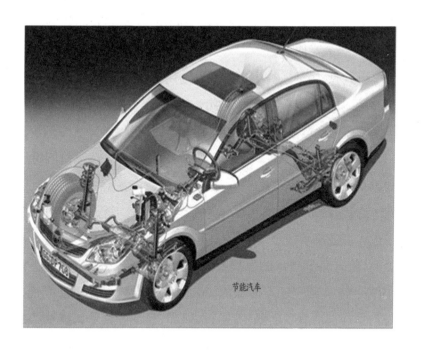

节能汽车

# 捕风捉能

太阳光照射到地球上，由于辐射能量不均、地球表面吸热能力不同，便引起各处气温的差异，冷热空气形成对流，这就是风。

风，从古至今，吹得土地黄沙莽莽，吹得"一川碎石大如斗，随风满地石乱走"。特别是强烈风暴，刮得天昏地暗，毁坏房屋，中断交通，给人类带来灾难。然而，这猛烈、怒吼的风，唤起了人类对它的驯服，让它顺应人的意志，为人类服务。

风作为能源，很早就被人类所开发利用了。早在2000多年以前，人类开始利用风的"神力"带动风车引水灌田、碾米磨面，既简便易行，又经济实惠。在交通运输方面，风帆船的诞生，使世界航运航海事业，欣欣向荣，为世界文明发展，建立了卓著功勋。可是，自从蒸汽机问世以来，帆船和风车就开始走下坡路。

到了近代，特别是石油和煤作为主要能源被广泛开发利用以来，风能几乎被人们遗忘了。

然而，随着科学技术的发展，随着世界性能源危机的日趋严重，特别是1973～1974年全球石油涨价，20世纪80年代初的石油危机，1991年初海湾争夺石油战争的爆发；同时，以煤、石油和铀作为燃料，又面临严重的环境污染；而水力发电为了建水库，有时还要占农田，搬迁居民，代价昂贵。因而，可再生、无污染的风能利用又在世界各国兴起。

近年来，世界各国都在开发风能。例如，日本的风帆船"新爱德丸"，自80年代,开始在沿海水域航行运输;荷兰重新成为世界风车的王国;丹麦多年来依靠风力,不仅缓和了能源紧张的矛盾,而且成为世界最大的风车生产国;英国对风能寄予很大期望,近年,英国的风力发电至少能满足本国20%的电力需要;美国自1974年开始执行联邦风能规划,至今拥有风力发电机组2000万台以上,总装机容量已达2000兆瓦以上。

目前各国大力开发风能的原因有三:

(1)能源问题已成为当今世界瞩目的大事。煤、石油、天然气等常规能源发生危机,供不应求,不久即将枯竭,因此,各国都在大力开发太阳能、生物能、核能、氢能等新能源。

(2)风能为太阳能的一种形式,只要太阳不灭,它就取之不尽,用之不竭。据估计全世界可利用的风能约为10亿千瓦,比水利资源多10倍。光陆地上的风能就相当于目前全部火力发电能的一半。

(3)投资少,建成后使用价廉,且无污染。

因此,古老的风能焕发了青春,必将成为最有希望的能源之一。有人说:"来之即可用,用后去无踪,做功不受禄,世代无尽穷。"

那么,现在怎样利用风能呢?目前世界各国主要有两种利用方式:

(1)采用风力机械设备,把风能转变成机械能,直接为人们所利用,像风力提水灌溉、饮牲畜。

(2)采用风力发电设备,把风能转变为机械能,然后再将机械能转变成电能,这就是风力发电。

不过,新一代的风力机与老式的风力机相比,有着独特的优点,这主要表现为:抗风暴的能力强,耐久可靠;可自动调节功能,采用计算机控制转速;运用近代航空技术,机械效率大大提高。新型风轮机非常灵巧,采用高科技的玻璃纤维制成,具有先进的变速装置和电子控制装置。稍大一些的风轮机还有长达 5 米，甚至更长的叶片。目前，最新型的风轮机每转可发电 300~750 千瓦，而其体积大小只相当于普通火力发电机的千分之一。

发展风力发电，储能是关键，因为风是间歇性的。简单的办法是用蓄电池。强风时发出的电输入其中，风不足时，再借助蓄电池带动直流电机并带动发电机发电，但几百瓦的还可以，上千瓦的，甚至更大的，此法实为不便。另一种办法是抽水法。强风时带动抽水机，将水抽到高处的水库，电力不足时，再把水库的水放出来，通过水力发电来补充。目前，科学家正在研究压缩空气储能和超导体储能等方法，一旦成功，多变的风将更加有效地被人类所使用，给人们送来光明和温暖。

巨大的风车，在运行中要受到空气动力、重力和惯性力的作用，很容易产生破坏性振动。近年来新崛起的非金属复合材料，它重量轻，强度高，抗疲劳，耐腐蚀，可解决桨叶问题。

据统计，全世界现今约有 25000 台风轮机，总的发电量已经达到 5000 兆瓦。其中，美国加利福尼亚洲就有 1700 兆瓦的电力，足够满足旧金山市的用电需求量。美国北卡罗来纳州的蓝岭山上，建起的世界最大的风力电站，装机容量为 2000 于瓦，可满足附近 7 个县总用电量的 20%。美国能源研究与发展局宣称，到 21 世纪初，风力发电将达 200 亿度，占全国总发电量的 10% 左右。洛克希德航空公司甚至认为：若采用 5 万 4 千台巨型风力发电机组，可提供 1995 年美国所需发电量的 1/5。

欧洲是目前全球风轮机应用、发展最迅速的地区，其中尤以德国最为突出。德国现已拥有成千上万台银色闪光的风轮机，分布在萨克森平原及其沿海地区，从而使德国的风能发电工业成倍增长。目前，德国风轮机的发电量已达到 1000 多兆瓦，足够满足勒苏益格、荷尔斯泰因州 5% 的用电量。在其他欧洲国家中，丹麦、英国、荷兰和西班牙等国，也不甘落后。专家们预计,如果风能发电仍将以目前的速度发展的话,在未来的 10 年中,风能将成为欧洲的主要能源。

在亚洲,对风能进行开发利用的热潮始于 1994 年,其中以印度的发展最为迅速。目前,印度已成为继德国之后全球拥有第二大风能发电设备的国家。据统计在 1995 年初, 印度风能的总发电量已达到 300 兆瓦。

我国的风力资源十分丰富,仅次于俄罗斯和美国,居世界第三位。20 世纪 50 年代,我国开始研究风力发电,已研制出风力发电机和风力拉水机。近年来,功率在千瓦以下的家用微型风力发电机,已在北京、内蒙古、新疆、青海、山西、浙江等地成批生产。

我国幅员辽阔,海岸线长,风力资源十分丰富。据有关气象资料表明,我国大部分省、市、自治区,都有雄厚的风力资源,尤其是西南边疆。沿海地带和东北、西北、华北地区,终年多风,有的地方一年内 1/3 的时间是大风天。有人粗略估计,我国风能总储量为 16 亿千瓦,其中可以利用的占 10%。

我国风能的分布大致可分四个区:

(1)风能最佳区:指风速 3 米 / 秒以上超过半年。6 米 / 秒以上超过 2200 小时的地区。包括西北的克拉玛依、甘肃的敦煌、内蒙古的二连,沿海的大连,威海、嵊泗、舟山、平潭一带。

(2)风能较佳区:指一年内风速超过 3 米 / 秒在 4000 小时以上,6 米 / 秒以上的多于 1500 小时的地区。包括西藏高原的班戈地区, 唐古拉山,西北的奇台、塔城,华北北部的集宁、锡林浩特、乌兰浩特;东北的嫩江、牡丹江、营口以及沿海的塘沽、烟台、莱州湾、温州一带。

(3)风能可利用区:指一年内风速大于 6 米 / 秒的时间为 1000 小时,风速 3 米 / 秒以上,超过 3000 小时的地区。包括新疆的乌鲁木齐、吐鲁番、哈密、甘肃的酒泉、宁夏的银川以及太原、北京、沈阳、济南、上海、合肥等地区。

以上这三类地区大约占全国总面积2/3左右,其他1/3的地区风能是不容易利用的。

1991年,中德合资在浙江省舟山群岛中的嵊泗列岛北端青纱乡李柱山上,建设起发电能力300千瓦的风力发电试验场泗礁风力田。风力田由10台风力发电机组成,每台机组由一支高达10余米的绿色粗水泥柱及柱顶端架设的一架白色喷气式飞机似的风力发电机组成。机头有两叶螺旋桨,每叶长约5米。

机身与螺旋桨均由质轻而坚、韧性极强的白色塑料薄膜板制成。随着风向的变化,机头同步迎风转动。因此,泗礁风力田赢来了"新能源岛"的美誉。

新疆的风能资源也很丰富,仅次于浙江和内蒙古,居全国第三位。新疆的风持续时间长(年在100天以上),分布广(15万平方公里),风力大(12级大风频繁在各风口发生),已初步探明的风能资源年发电量可达900亿千瓦。近年来已在乌鲁木齐市郊区的柴窝堡风区,已建成我国最大的风力发电厂,装机容量为4000千瓦,已投入运转发电机组容量为2105千瓦,年发电量可达700万度。

*122*　　　风能资源的利用在我国已初具规模。一是目前有8000余架传统风车,主要用于提水灌溉和晒盐。二是用于发电的风力机由1976～1986年的13台增加到目前的7万多台。内蒙古锡林郭勒盟1983年底就已安装微型风力发电机540多台,目前发展到700多台。西藏那曲地区也已引进和安装了几十台小型风力发电机。此外,在浙江、嵊泗、笠山、北京八达岭等地建成三个风力发电试验站,先后安装10千瓦以下机组9台。目前,我国主要以50瓦、100瓦、1000瓦、2000瓦的微型和小型风力

发电为主,正在全国推广,再加太阳能、沼气等新能源的应用和推广,为我国农村能源开辟了美好前景。据农业部透露:我国已有478万农(牧)户、1800多万农村人口用上了风能和沼气新能源。在今后10~15年内,风力发电将在我国东南沿海、"三北"地区及青藏高原等地基本普及,并将开发风力田,以获得更多能源。

关于风能利用的前景,联合国1979年发表的《能源报告丛刊》中,提出了十分诱人的数字。1985年装机容量 $5 \times 10^3$ 千瓦,年发电量为 $1.5 \times 10^9$ 度;1990年,装机容量为 $1 \times 10^9$ 千瓦,年发电量为 $3 \times 10^{10}$ 度;2000年,装机容量 $2 \times 10^8$ 千瓦,年发电量为 $9 \times 10^{11}$ 度。

目前,尽管风能所能提供的电量还不足全球总发电量的0.1%,但它将会很快成为人类可靠的动力来源之一。从理论上说,位于美国平原地区3个州的风能电量足以满足整个美国的电力需求;同样,中国内蒙古、浙江、新疆的风能资源所发的电量,也可以满足整个中国的需求。预计,在未来的20年中,数以万计的风轮机将会出现在世界风能资源丰富的地区,并能满足这些地区用电需求量的20%~30%。

123

# 大气压差发电

利用大气压差发电,是一种新能源的构想,可望在 21 世纪去实现。

在能源供应一天比一天紧张的今天,迫使科学家们去探索那些既干净、安全,又取之不尽,用之不竭的新能源。利用大气压差发电,就是科学家们当前正在探索实验,并取得了一定成果的项目之一。一旦进入实用阶段,它给人类社会将带来无穷无尽的希望和幸福。

什么是大气压差发电呢?要回答这个问题,我们必须从什么是大气压说起。地球表面包裹着一层几十公里厚的大气,据计算,它的总重量相当惊人,大约有 $5130 \times 10^4$ 亿吨!地面上每平方米大约要承受 10 吨重的大气柱的压力!气象科学上的大气压,就是单位面积上所受大气柱的重量(大气压强),也就是大气柱在单位面积上所施加的压力。

气压的单位有毫米和毫巴两种:以水银柱高度来表示气压高低的单位,用毫米(mm)。例如气压为 760 毫米,就是表示当时的大气压强与 760 毫米高度水银柱所产生的压强相等。另一种是天气预报广播中经常听见的毫巴(mb)。它是用单位面积上所受大气柱压力大小来表示气压高低的单位。1 毫巴 = 牛顿 / 平方厘米 =100 帕。

气压是随大气高度而变化的,海拔越高,大气压力就越小。两地的海拔高差越悬殊,其气压差也越大。

大气柱的重量还受到密度变化的影响,空气的密度越大,也就是单位体积内空气的质量越多,其所产生的大气压力也越大。

由于大气的质量越近地面越密集,越向高空越稀薄,所以气压随高度的变化值也是越靠近地面越大。例如在低层,每上升 100 米,气压便降低约 10 毫巴;在 5～6 公里的高空,每上升 100 米,气压降低约 700 帕;而到 9～10 公里的高空,每上升 100 米,气压便只降低约 500 帕了。

气压无时无刻不在变化。在通常情况下,每天早晨气压上升,到下午气压下降;每年冬季气压最高,夏季气压最低。但有时候,如在一次寒潮影响时,气压会很快升高,冷空气一过,气压又慢慢降低。所以气压的变化是经常性的。

现在我们再来说关于大气压差发电的问题。所谓大气压差发电,是指利用地球表面大气压在垂直方向上分布的差异所造成的空气流动动力,来带动发电机发电的发电方式。

由于大气压是由地面向高空逐步递减的,并已受到地球重力的作用,所以,一般情况下,不会引起空气的剧烈流动。正如坡降很小的河流,虽然也有一定水位差,但很不明显,水流所产生的冲击力很小,不能发电。但是,如果我们能利用一些特殊的装置,人为地增加水位差(修水坝提高水位差),那么,流水产生的冲击力就会急剧增大。正如人们为了用水发电,拦河筑坝提高水位一样,如果我们也采用一定的装置,增加气压之间的压差,那么它产生的能量,同样也是十分巨大的。

实际上,人们早已经在使用类似的装置,如我们平时所见到的烟囱,就是一个很好的例子。烟囱的作用就像拦河坝一样,人为地增大了大气压差,造成了空气的剧烈流动。

在烟囱的启发下,科学家们设想,如果能利用一定的装置,如风轮机,将这种空气流动所产生的动力转化为旋转力,带动发电机发电,就可以得到一种既卫生、安全,又取之不尽的新能源。因为这种动力不用任何燃料,不排放任何污染物,可以昼夜不停地连续工作,是人类理想的动力之一。

当前,把大气压差发电这一构想变成为 21 世纪的一种新能源,还有许多理论需要研究,有许多问题需要解决,需要有一个实践的过程,然后才是大面积的推广使用。要使大气压差发电达到实用价值,必须使气流能够产生足够大的动力,使发电机发出较大的功率,如果只是能够发电,但功率太小,就没有什么实际意义了,更谈不上推广使用。

发电机的功率大小,与烟囱的高度、直径、形状等密切相关。那么,哪些因素能影响空气流动的动力大小呢?科学家们做了一系列的实验,结果表明:如果把小风车放置在比较低的矮的烟囱入口处,风车的转动速度不快,说明空气流动不剧烈;如果把小风车放在比较高的烟囱的入口处,小风车的转速明显加快,这说明气压所产生的气流动能与烟囱的高度直接相关。

大气压差发电

实验得知,烟囱高度如果每增加 1 公里,气压将下降 10 个大气压。也就是说,如果能建一个 1 公里高的烟囱,在它的入口处和出口处,将会产生 10 个大气压,在这么大的气压下,空气流动就会非常剧烈。其实,这是烟囱为什么可以拔烟助火的原因和奥秘。

根据以上原理,我们可以设想,只要建一个高高的烟囱,就可以带动风轮机转动,发出足够大的电来。并且所发电能的大小和烟囱的高度成正比。但事实上,由于目前的技术水平所限,人类只能造出几百米高的建筑物,在这样的高度下,气压的差是较小的,只有几个大气压,那么要想在高度不变的情况下增大功率,看来只好从别的方面想办法了,这些办法应该如何找呢?

从理论上讲,在烟囱高度一定的情况下,其他一些条件的变化,也能引起空气流动速度的变化,这些因素包括:

(1)烟囱的截面积大小,即烟囱的直径大小,正是影响空气流动速度的因素。如果截面积太小,毫无疑问气流的推动力也就越小。但也不是说截面积越大越好,关键是找到高度和截面积的关系值,以及它们的最佳结合点。即在某个数值范围内,气流是最快的。

(2)烟囱的内表形状。即烟囱的内壁是光滑的,还是螺旋状的、直槽状的,或者其他什么形状的。

(3)其他因素的影响,如增加底部入口处的温度,即给烟囱底部加温,也能够加速气流的流动等。

如果单个风轮机产生的动力较小,也可以装几个或几十个,形成像蜂窝状的连体烟囱,并把每个烟囱中的风轮机并联安装,带动发电机发电,建造气压发电站。

据科学研究证明,用大气压差带动风轮机发电是可行的,只要不断地研究,不断地探索,是可以实现的。预计,利用大气压差发电的科学技术,将于 21 世纪前 10 年至 20 年间,就会完善起来,为人类开辟一条新的能源道路。

127

# 雨雪垃圾能发电

　　科学家们发现,大自然中蕴藏着巨大的能量。从 21 世纪初期开始,可以通过多种手段,有一定规模地向雨雪垃圾索电,是完全可以实现的。

　　利用积雪发电:大家知道,积雪的温度是 0℃以下,因此雪中蕴藏着巨大的冷能。科学家提出利用积雪发电的大胆设想。

　　它的工作原理是,将蒸发器放在地面上,将凝缩器放在高山上,再用两根管子将它们连接在一起,然后抽出管内空气,用地下热水使低沸点的氟利昂(即现代电冰箱所用的制冷物质)气化,并以雪冷却凝缩,由于氟利昂的沸点很低,加上管内被抽空,所以它就沸腾起来,变成气体快速向管子的上端跑去,冲击汽轮机旋转,从而带动发电机发电。试验证明,1 吨雪可把 2～4 吨氟利昂送上蓄液器。可见雪的发电本领是十分惊人的。

　　雪的资源极其丰富,地球上 34％的国家属多雪地区。我国东北和新疆北部是全国下雪天数最多的地区,每年平均在 40 天以上,积雪日数在 90 天以上。积雪发电的问世,将使茫茫雪原变成人类的又一理想的未来发电能源。

　　利用下雨发电:目前,科学家们研究雨能的利用已获得成功,它是利用一种叶片交错排列,并能自动关闭的轮子,轮子的叶片可以接受来自任何方向的雨滴,并能自动开关,使轮子一侧受力大,另一侧受力小,从而在雨滴冲击和惯性的作用下高速旋转,驱动电机发电。雨能电站可以弥补地面太阳能站的不足,使人类巧妙而完美地应用太阳能、风能、雨能。

我国南方雨能资源丰富,特别是华东、华南、中南和西南各省的雨水充足,一年四季冰雪期很少,雨季的降雨量一般都比较多,阴雨天利用雨能发电,晴天利用太阳能发电,这样无论晴天或阴雨天,人们都可以享受到大自然的恩赐,享受到电能带来的光和热。

微生物电池:在探索微生物能源工作中,一些国家正在从事着微生物电池的研究。什么是微生物电池呢?它是一种用微生物的代谢产物做电极活性物质,从而获取电能。从研究的进展看,作为微生物电池的活性物质,只限于甲酸氢、氨等。我们用一种叫产气单孢菌的细菌,处理100克分子椰子汁,使其生成甲酸,然后把以此做电解液的 3 个电池串联在一起,生成的电能可使半导体收音机连续播放 50 多个小时。当然,这只是试验,但它表现出的事实是令人神往的。

21 世纪是人类飞向宇宙的时代,在宇宙飞船这样的封闭系统中,排泄物的处理确是个必须解决的问题。美国宇宙航行局设计了一种一举两得的解决方案:用一种芽孢杆菌处理尿,使尿酸分解而生成尿素,在尿素酶的作用下分解尿素产生氨。氨用做电极活性物质,在铂电极上产生电极反应,组成了翱翔太空的理想微生物电池。在宇航条件下,每人每天如果排出 22 克尿,就能够获得 47 瓦的电力。

氢燃料电池,成为微生物能源的又一种电能形式。利用一种产生氢气能力强的细菌,在容积为 10 升的发酵装置中,每小时所产生的近 20 升氢气,足以维持 3.1 ~ 3.5 伏燃料电池的工作。科学日新月异的 21 世纪,有机废水的处理也与微生物电池发生了密切关系。在利用微生物处理有机废水时,在使废水无害化的同时,可以把微生物的代谢产物做微生物电池的活性物质，从而获得电能。从这个角度上，微生物作为同时解决公害和能源问题的一种手段，已引起人们的广泛注意。尽管微生物电池的研制尚处在萌芽状态，使用也还只限于一定范围，但是到 21 世纪的某一天，微生物电池就能够带动着马达飞转，为人类创造更多的物质财富。

向污泥要能源：城市下水道污泥中富含有机物质，其中蕴藏着可观的能量。不少国家已开始利用厌氧细菌将下水道污泥"消化"，然后收集其中产生的沼气作为热源，并将下水道污泥制成固体燃料。

关于下水道污泥作为固体燃料的开发与实用化研究方面，欧洲国家居领先地位。日本东京都能源局利用下水道污泥作为燃料发电的试验也已获成功。日本能源科学家还将下水道污泥利用多级蒸发法制成固状物，所得燃料的发热量为 16000～18000 千焦耳/公斤，与煤差不多。

德国的一家化学公司将工厂下水道排放的废水(其中含 10% 的普通生活污水)进行处理，所得活性污泥作为燃料。他们在下水道污水中加入有机凝集剂，再用电力脱水机脱去部分水分，加入一定比例的粉煤，最后利用压滤机榨干水分，用这种方法制成的燃料发热量大约是 9200～10000 千焦瓦/公斤，并且将其干燥、粉碎后并不影响其燃烧性能。

从下水道污泥中挖掘潜在能源，不仅开辟能源新途径，还可以根本上解决城市下水道污泥污染问题，对改善城市地下水水质有着至关重要的作用。环境科学家有必要重新估计下水道污泥的作用和利用价值，进一步研究下水道污水处理以及下水道水系的设计。

目前，世界上许多国家正在研究，能否建立一个从污水处理到能源、环保方面的综合管理体系，以便一劳永逸地解决下水道污水的去向问题。

# 向水要氢能源

在未来发展的动力预测中，人们对理想的未来的主要能源氢越来越重视了。有的科学家甚至想像 21 世纪氢能源水域的上空，刮过一阵猛烈的大风。大风过后，数千米的海面上，突然燃起了通天大火。大火引起的原因，是由于那阵以每小时 200 公里疾驰的大风与海水发生猛烈摩擦，产生了很高的热量，将水中的氢原子和氧原子分离，并通过大风里电荷的作用，使氢离子发生爆炸，从而形成了"火海"。

据科学家估算，这场"火海"所释放出的能量，相当于 200 颗氢弹爆炸时所产生的全部能量。氢气不仅可以燃烧，而已燃烧时产生的热量很高。氢气在空气中燃烧，可达到 1000T 的高温；氢气在氧气中燃烧，可达 2800℃ 的高温，它产生的热量比汽油高得多，每升氢放出的热量为每千克汽油的 3～4 倍。

若将氢气冷却至 240℃ 以下，再经过加压，氢就变成一种五色的液体液态氢，这是火箭、火车、飞机、轮船、汽车等的极佳燃料。例如汽车用它作燃料，110 公里只需消耗 5000 克氢气，而且氢能具有很多优点：

(1)氢的放热效率高，燃烧 1 克氢可以放出 14 万焦耳的热量，约为燃烧 1 克汽油放热的 3 倍，并可以循环使用。

(2)氢的原料主要是水，在 1 个水分子中就有两个氢原子，所以资源非常丰富。因为，占地球表面 71% 的水中都含有大量的氢。

(3)氢气在燃烧过程中，除释放出巨大的能量外，产生的废物只有水,不会造成环境污染,因而又被称为"清洁燃料"。

(4)氢气的重量轻、密度小,便于运送和携带,容易储藏,与难储存的电相比,优越性更为显著。

(5)氢的用途极为广泛,它不但能燃烧生热,而且还可以产生化学能,并作为吸热的工质等。

氢具有这么多优点,那么用什么方法来制取和利用呢?

传统的制氢方法电解水制氢及高压、高温制氢,都需要消耗大量的电能和煤或天然气,消耗的能量比燃烧这种燃料所产生的能量还要多。这种费用上的不划算使它只适用于专门用途,如推进太空火箭或在航天器中维持燃料电池。科研人员经过多年的研究,已寻找出两种较为方便的制氢方法:

其一是光电化学电池分解水制氢。利用太阳光照射到半导体氧化钛表面时,在氧化钛上产生的电流会使水分解,产生氢气,效率已达12%,是一种很有前途的制氢方法。

其二是生物制氢,人工模仿植物光合作用分解水制取氢气。目前,美国、英国用1克叶绿素每小时可产生1升的氢气,它的转化效率高达75%。

根据目前科学家的研究,制取氢的原料除水以外,还可利用微生物产生氢气。这方面的最初探索,大概在1942年前后。科学家们首先发现一些藻类的完整细胞,可以利用阳光产生氢气流。7年之后,又有科学家通过实验证明某些具有光合作用的菌类也能产生氢气。此后,许多科学工作者从不同角度展开了利用微生物产生氢气的研究。近年来,已查明有16种绿藻和3种红藻类有产生氢的能力。藻类主要是通过自身产生的脱氢酶,利用取之不尽的水和无偿的太阳能来产生氢气。不妨说,这是太阳能在微生物作用下,转换利用的一种形式,这个产氢过程可以在

15～40℃的较低温度下进行。

科学家们把具有产生氢气能力的细菌划分为 4 个类型：

一种是依靠发酵过程而生长的严格厌氧细菌；第二种是能在通气条件下发酵和呼吸的兼性厌氧细菌；第三种是能进行厌氧呼吸的严格厌氧菌；第四种是光合细菌。

前三类细菌都能够利用有机物，从而获取其生命活动所需要的能量，被称作"化能异养菌"。第四类的光合细菌，可以利用太阳提供的能量，属自养细菌范畴。近年来发现有 30 种化能异养菌可以发酵糖类、醇类、有机酸等产生氢气，其中有些细菌产氢气能力较强。一种叫酪酸梭状芽孢杆菌的细菌，发酵 1 克重的葡萄糖可以产生约 1/4 升的氢气。

在未来的年代，随着科学技术的发展，自然界的各种形式的碳水化合物，都可以转化为廉价的葡萄糖，从长远观点看，这条生产氢气的途径是值得探求的。为人们熟悉的大肠杆菌以及产气杆菌，某些芽孢杆菌，反刍动物瘤胃中的很多种细菌，大都具有不同程度的产氢气能力。在光合细菌中，发现约 13 种紫色硫细菌和紫色非硫细菌可以产生氢气，这部分细菌可利用有机物或硫化物，有的在光照下，有的并不一定需要光的照射，经过一系列生化反应而生成氢气。

利用微生物生产氢气，在一些国家曾做了中间工厂的试验性生产，结果令人满意。采用活力强的产气夹膜杆菌，在容积为 10 升的发酵器中，经 8 小时发酵作用后，产生约 45 升氢气，最大产氢气速度为每小时 18～23 升。人们期待着用遗传变异手段大幅度提高微生物产氢气能力，为利用微生物生产氢气尽早投入实际生产和应用创造条件。

在利用微生物生产氢气的探索道路上，需要科学家们不断寻找产生氢气能力高的各种微生物，深入研究微生物产氢的原理和条件，在上面各项工作的基础上，设计出相应的大规模生产装置系统，达到高产、稳产、成本低三项指标。虽然利用微生物生产氢气燃料,目前尚处于研究探索或小规模试产阶段,离大规模工业化生产尚有不小距离,但是有关这方面的研究进展,为我们展现了利用微生物生产清洁燃料氢气的广阔前景。

那么用什么方法来储存氢气呢?氢的储存和携带也很困难。若把它压缩到容积为40升的钢瓶中,加到150个大气压时,钢瓶内才能容0.5千克的氢;若把氢液化又需消耗大量的能量。为此,科研人员经过多年研究,已找出了几种携带和储存氢气的好方法。这些方法是:

第一种:用海绵状的吸氢金属将氢储存起来,使用时吸氢金属将氢放出。这种办法既减轻重量,便于携带,又可储存较多的氢。

第二种:利用某些金属氢化物(例如钒化氢)可以随温度变化的特点来储存和放出氢气。当温度由25℃升高到200℃时,钒化氢放出氢的压力就由1.9个大气压急剧升高到870个大气压。

上述制造和储存氢气的方法正在改进和推广过程中,可以预见氢能在下一个世纪中缓解能源紧张中显露头角,建功立业。

目前,氢能源的发展由于制造氢的价格昂贵而受到制约,它比矿物燃料要贵2~3倍。同时氢的密度很低、体积大,要缩小体积,需在零下252℃的极低温和高压下进行,仅此一项作业就要消耗大量的能源。目前一些国家都在研究使用氢的发动机,研制用氢作燃料的汽车和飞机。此外,开发、运输和储存技术也还有待进一步解决。

# 未来能源的宝库

随着能源消耗量的不断增加,有限的常规化能源如煤、石油、天然气等,日趋紧缺,然而,正当人们对能源的前景感到暗淡和忧虑的时候,科学家发现了新的再生能源"石油植物"。

所谓"石油植物",是指那些可以直接生产工业用"燃料油",或经发酵加工可生产"燃料油"的植物的总称。例如,现已发现的大量可直接生产燃料油的植物,主要分布在大戟科,如绿玉树、三角戟、续随子等。这些石油植物能产生低分子量氢化合物,加工后可合成汽油或柴油的代用品。

据专家研究,有些树在进行光合作用时,会将碳氢化合物储存在体内,形成类似石油的烷烃类物质。如巴西的苦配巴树,树液只要稍作加工,便可当作柴油使用。

如前所述,目前全世界植物生物质能源(主要是森林)每年的生长量相当于 600～800 亿吨石油,为目前世界开采量的 20～27 倍,可见潜力之大。目前,英、美等一些工业发达国家用木材加工出石油已达到实用阶段。英国一家公司采用液化技术,用 100 公斤木材生产了 24 公斤石油,同时还生产出 16 公斤沥青和 15 公斤蒸汽。美国俄勒冈州一家以木片为原料的工厂,100 公斤木片可制取 30 公斤石油。

人们还发现,地球上存在着不少的"石油植物",它们所分泌出的液体,不需加工或稍经加工就可作燃料使用。如澳大利亚有一种名叫辐射校的树,含油率高达 4.2%,也就是说,一吨桉树可获取优质燃料 5 桶之多。在菲律宾和马来西亚,有一种被誉为"石油树"的银合欢树,这种树分泌的乳液中含"石油"量很高。巴西有一种橡胶树,割开树皮就可流出胶汁般的树汁,它的化学成分与石油相似。据实验,这种树汁不需任何加工,就可当柴油使用,经简单加工可炼制汽油。这种树每棵每年可产胶汁 40~60 公斤。

经专家测试,某些芳草也含有"石油"。美国加利福尼亚洲生产一种粗生分布广泛的杂草,由于黄鼠等啮齿动物很害怕它的气味,故取名黄鼠草。黄鼠草可以提炼"石油",大约每公顷这样的野草可提取"石油"1000 公斤;若经人工杂交种植,每公顷可提炼"石油"6000 公斤。目前,美国学者已发现了 30 多种富含油的野草,如乳草、蒲公英等。此外,科学家还发现 300 多种灌木、400 多种花卉都含有一定比例的"石油"。

近年来,科学家又发现利用玉米、高粱、甘蔗的秸秆可以生产汽油酒精,并能直接用做汽车的动力燃料。目前,美国销售的"汽油"中,70%以上实际是酒精汽油(1:9 的混合燃料)。巴西用甘蔗发酵生产酒精做汽车动力燃料。

目前,世界上许多国家都开始"石油植物"及其栽种的研究,并通过引种栽培,建立起新的能源基地"石油植物园"、"能源农场",专家预计,在 21 世纪初"石油植物"将成为人类能源的宝库。

关于建立"能源农场"的设想,却是在一种特殊情况下提出来的,它对于人类在 21 世纪启用植物"石油"能源有着深远的意义。1973 年,石油输出国组织成员国临时停止向美国出口石油,因此,美国教授卡尔文想出了建立"能源农场"这个主意,到现在已经 20 多年了,这个设想已在不少国家开始试验。

当时,这位科学家知道,某些植物如橡胶树,能把碳化物变成碳氢化合物胶汁。他想,既然橡胶树能产生胶汁,那么其他能进行光合作用的植物也能合成类似石油的物质。要得出这样的结论,他首先放弃了一些原有的习惯想法。卡尔文教授是一位化学家,1961 年,他因为一本关于光合作用的著作而获得了诺贝尔奖。现在他是"能源农场"的最热心的支持者之一,他跑遍全球去寻找那种具有合成燃烧能源的植物。

在巴西,卡尔文教授看到一种名叫橡胶树的植物,并参观了割胶作业。据他观察,这种植物 6 个月内能分泌出 20～30 升胶汁,这种胶汁实质上就是石油,化学特性同柴油相似,所以不经过提炼,直接可以当柴油使用。今天,橡胶树大概是大自然中最理想的一种能直接提供"生物石油"的植物。

卡尔文在加利福尼亚洲找到了另一种虽不像橡胶树那样令人吃惊,但分布非常普遍的植物,农场主们把它叫做"黄鼠树"。卡尔文教授的实验证明,人工制造石油并不需要几百万年的时间,而是 21 世纪就可成功的事情,那么,剩下的一个问题是:"能源农场"的设想在工艺上是否行得通?在经济上是否划算?

对于这个问题,由亚利桑那州植物生理学家皮帕尔斯主持的进一步研究作出了回答。数年来,他们在"黄鼠树"实验农场做了一系列有趣的试验。得出的结论是:直径为 19.3 英里的圆形土地种上黄鼠树以后,平均每昼夜可炼出 500 万升石油。

137

亚利桑那大学还开始设计某种提炼植物石油的企业的雏形,这种企业一周内能生产 450 升黄鼠树粉末。同时又在设计既能提炼石油,又能提炼乙醇的小型工厂。他们断言,再过 10 年以后,工业提炼设备可以在一昼夜之间从 1000 吨黄鼠树粉末中提炼出 18 万升石油和 13 万升乙醇。剩下来的渣滓可以作 25000 亿千瓦的热电站的燃料。要达到这么大的生产规模,需要开辟面积为 14 万公顷的黄鼠树种植场,相当于美国匹兹堡市那么大。

　　能够供燃料的植物不一定都要在泥土里才能生长。奥兰多市净化池里的风信子长势良好,污水是这种植物的最好营养物。因此,种植风信子可以达到一箭双雕的目的:不仅可以净化水源,而且可以得到可燃气体。加拿大科学家在地下盐水层中发现了两种生产石油的细菌,一种是红的,一种是无色透明的。它们繁殖很快,两天可收获一次。一平方海里的水域里一年就可生产14亿升"生物石油"。

　　石油植物作为未来的一种新能源,与其他能源相比,具有许多优点:

　　(1)石油植物是新一代的绿色洁净能源,在当今全世界环境污染严重的情况下,应用它对保护环境十分有利。

　　(2)石油植物分布面积广,若能因地制宜地进行种植,便能就地取木成油,而不需勘探、钻井、采矿,也减少了长途运输,成本低廉,易于普及推广。

　　(3)石油植物可以迅速生长,能通过规模化种植,保证产量,而且是一种可再生的种植能源,而非一次能源。

　　(4)植物能源使用起来要比核电等能源安全得多,不会发生爆炸,泄漏等安全事故。

138

　　(5)开发石油植物,还将逐步加强世界各国在能源方面的独立性,减少对石油市场的依赖,可以在保障能源供应、稳定经济发展方面发挥积极作用。

　　由此看来,石油植物的开发,是解决未来能源的有效新途径之一。难怪能源专家们指出,21世纪将是石油植物大展宏图的时代。

# 能源新秀

　　"时代的宠儿海带,可以成为很好的替代能源!"这句话乍听起来,你一定以为自己听错了。海带只是盘中佳肴,哪能做能源的替代品呢?然而,事实上这句话绝对没有错!而且已经有人在享用"海带能源"了。美国加利福尼亚洲,有一种巨型海带可以作替代能源,从这种巨型海带中,可提取大量合成天然气,还可提取氯化钾和化妆品中的乳化剂。

　　科学家们预测,21世纪沿海带的人们,可以在海洋里种植这种巨型海带。当然,通常用做盘中餐的海带是不能作为替代能源之用的。只有这种原产美国加州外海的巨型海带,如今已被科学家看好,成为明天能源的新秀。

　　我国经济部门及各有关单位,已经开始着手进行巨型海带的试植工作了。

　　根据资料显示,这种巨型海带具有一种不可思议的成长速率每天可长2英尺(1英尺=0.3048米),在不到5个月的时间内,它可以长到200英尺(即60.96米)长!以这种尺寸来看,它似乎是科幻小说中的海怪了,让人觉得十分惊讶!

　　巨型海带的实用价值,在国外已有实例可查。据国内一位专家指出,美国政府在加州外海开辟了一片面积为400平方公里的海底农场,专门种植巨型海带,每到收获季节,以特殊的采收船采收之后,或利用海带本身具有的细菌自然发酵,或以人工方法加速发酵,它一年所产生的合成天然气高达 220 多亿立方英尺，可供 5 万人口的城市一年之用！这是以美国家庭的燃料耗用量而言的。

经过我国台湾一些科学家的试验，其投资成本及操作成本都比美国低，因此每立方米的"海带天然气"价格，仅需台币 1.5 元左右，而工业用天然气的现价是每立方米近于台币 9 元。两者单位比率是 1：6，仅就这方面来说，巨型海带已够资格成为能源救星了。

除了可产生合成天然气外，巨型海带还有其他的"神迹"：年产氯化钾 49 万吨、肥料 95 万吨，使海底农场中的鱼类收获量一年增加 18 万吨，养殖蚝类可获 3.6 万吨。

最奇妙的是，巨型海带还可以提炼出化妆品中的乳化剂！

关于巨型海带的生长环境，据台湾省有关研究单位的研究证实：巨型海带多年生长在 15～20℃之间，且需要海流不大的地点，以免海带随海流漂走。经初步调查，我国澎湖及马祖附近的海湾很适合巨型海带的生长。不过，有的专家认为，我国要种植此种海带的话，最大的困难在海水的深度问题上。然而，我国有 1.8 万公里的海岸线，海域辽阔，什么深度的海域都有，因此，找出适合巨型海带生长的海水深度是完全没有问题的。

140

因为巨型海带需要高浓度养分以维持其快速生长，通常海水深度为 150～300 米处，才能提供足够的养分，但在此种深度种植的话，不仅采收不易，同时也因阳光无法穿透海水，使巨型海带不能进行光合作用，自然也长不起来了。因此，只要突破深度这个主要难题，巨型海带在我国的前途将胜过以往各种生物能源。

栽种巨型海带以替代能源是一个全新的发展方向，在试种之初必有许多难题有待解决。我国台湾省已派人到美国加州去采购种了，同时并请有关单位负责研究以后的培种工作。下面我们再来谈谈能源新秀——巨藻。巨藻，可称为是植物界的巨人。成熟的巨藻一般有 70 ~ 80 米长，最长的可达到 500 米。巨藻可以用来提炼藻胶，制造五光十色的塑料、纤维板，也是制药工业的原料。

近年来，科学家们对巨藻进行了新的研究，发现它含有丰富的甲烷成分，可以用来制造煤气。这一发现是引人注目的。美国有关方面乐观地估计，这一新的绿色能源具有诱人的前景。将来，它甚至可以满足美国对甲烷的需求。

巨藻可以在大陆架海域进行大规模养殖。由于成藻的叶片较集中于海水表面，这就为机械化收割提供了有利条件。巨藻的生长速度是极为惊人的，每昼夜可长高 30 厘米，一年可以收割 3 次。

最近，日本出光兴产中央研究所的生物化学研究所等组成的科研小组宣布，他们成功地从一种淡水藻类中提取出了石油。

这种藻类在吸收二氧化碳进行光合作用的过程中体内蓄积了石油。在研究过程中发现，这种藻类不仅二氧化碳的吸收率高，而且其石油生成能力远远超过预想的程度。提取出的石油不仅发热量高，而且氮、硫含量少。

这种淡水藻类广泛分布在世界各地的湖泊沼泽中。将数十至数百个藻体集中在一起便可形成约 0.1 毫米的藻块。2 克重的藻块在 10 天内就可增生到 10 克，其中约含 5 克的石油。将这种藻块过滤收集在一起，与特殊的溶剂搅拌混合，除去溶剂后就只剩下石油。这种石油的发热量可与用于船舶燃料的重油相匹敌，而且其氮的含量只是重油的 1/2，硫的含量仅为重油的 1/190。燃烧后的灰中含有丰富的钾，可用来作肥料。如果用北海道 60% 的面积来培养这种藻类，全日本排出的二氧化碳就可被其光合作用所全部吸收，所提取的石油则相当于目前日本的原油进口量。

只是这种藻类对杂菌敏感，提取较为困难。同时，培养这种藻类达到生产水平必须要有宽广庞大的培养池。这种热值高、公害低的能源魅力极大，科研课题负责人村上信雄说："打算用湖泊进行大量培养等方法进一步探索实用化的途径。"

美国人发现，在美国西海岸附近海域中，盛产一种巨型海藻，每昼夜可长 0.6 米，用它提炼汽油和柴油，可成为石油的代用品。美国能源科学家正在试验用这种海藻提炼汽车用的汽油或柴油。如果此项试验成功，这种取自海生植物的汽油，售价会低于现今的一般汽油。

# 绿色能源

　　随着人们对全球性能源危机和环境保护认识的不断深入,从20世纪70年代中期开始,世界上一些国家开始利用生物技术和可再生资源(生物源)进行燃料乙醇的工业生产,以此作为石油能源的替代物,并渐渐成为各国的研究热点。

　　据介绍,燃料乙醇的生产原料为生物源,所以它是一种可再生的能源。此外,乙醇燃烧过程中所排放的$CO_2$和含硫气体均低于汽油燃烧所产生的对应排放物,又由于它的燃烧比普通汽油更完全,使得其CO排放量可降低30%左右,因而,燃料乙醇被称为"绿色能源"或"清洁燃料"。而且,燃料乙醇燃烧所排放的$CO_2$和作为原料的生物源生长所消耗的$CO_2$在数量上基本持平,这对减少大气污染及抑制"温室效应"意义重大。

　　更令人兴奋的是,这种燃料乙醇具有和矿物质(如汽油)相似的燃烧性能。据天津大学石化中心的科技人员介绍,2004年初,乙醇汽车实验室的各项数据都表明,消耗同体积的乙醇汽油(添加进一定比例的燃料乙醇的汽油)与普通汽油所行驶的公里数基本一致。

　　由于乙醇汽油所具有的上述种种优点,世界各国都加快了其推广应用的步伐。例如,巴西从1975年开始实施"酒精替代计划",制定了一系列的经济资助和免税政策,现在已使温室气体排放量减少了20%。日本从1983年开始实施燃料乙醇的开发计划,重点开发使用农、林废物等未利用资源来直接发酵生产乙醇的技术。美国从 1992 年开始鼓励使用乙醇作新配方汽油的添加剂,欧盟则于 1993 年要求汽油燃料中掺混 5%的乙醇,并建议提高欧洲的燃料乙醇生产量。

相应地,世界上各大化学公司的发展战略也变为:用可再生资源(生物源)替代石油资源,用生物技术路线取代化学技术路线进行生物燃料及化学品的生产。

燃料乙醇的使用不仅可节省能源,减少环境污染,而且对发展农业,带动其他诸多相关产业也具有重大意义。

目前,世界上生产的燃料乙醇大部分是以甘蔗、玉米、薯干和植物秸秆等为原料糖化发酵制造的。植物在地球上的储量高达 2 亿亿吨,而且每年以 1640 亿吨的再生速度更新。我国又是一个农业大国,年平均农业秸秆类物质就超过 7 亿吨。如果能通过生物技术,有效地将其转化为生物产品或生物能源,将大大促进我国农产品深加工业及农业产业化进程,使千千万万农民受益。

另外,乙醇汽油的发展还可以带动乙醇生产、储存、流通、加工、汽车零部件生产等相关产业的发展。例如,可利用酒精生产基地和设备制造乙醇汽油;为使汽车适应乙醇汽油,一些汽车零部件厂家已开始研究生产乙醇汽油专用发动机、油箱等配件。

我国政府也已充分认识到开发使用这种“绿色能源”的重要性,将生产燃料乙醇的项目列入国家“十五”示范工程重大项目。国家计委的官员日前也透露,我国将全面推广使用车用乙醇汽油,预计两三年内,该产品将占领市场份额的 25%~30%。据有关专家预测,如能在汽油中添加 10%体积的燃料乙醇,而这种产品又能够占领市场份额的 25%~30%,那么每年就可以替代 400 万吨汽油,为国家节省外汇 15 亿美元。

据中国石化集团乙醇汽油攻关小组的官员介绍，中国石化根据目前燃料乙醇生产企业的生产能力及发展趋势，初步选择北京、上海、天津、广东、湖北、河北、山东、河南等8个省市作为推广使用乙醇汽油的试点，并将改建70余座乙醇汽油加油站。

目前，国家定点的燃料乙醇生产基地主要集中在黑龙江、吉林、河南三省。为确保乙醇汽油试点工作的良好运行，国家推广乙醇汽油的基本原则是：以大城市推广为主，建立从调配、运输、销售和售后服务的全过程质量保证体系，确保乙醇汽油试点推广成功。

乙醇汽油的缺点是成本高，明显高于汽油。但是，国家计委表示，为了推广乙醇汽油，国家将制定一些补贴措施，确保价格稳定不变。因此，有车族尽可放心地给自己的爱车灌"酒"。

# 深海新能源

作为替代石油的新能源，甲烷在高压低温的深海海底等地方形成的果汁饮料状物质"甲烷水合物"引起了人们的关注。最近研究人员在日本近海也发现了甲烷水合物的储藏地点，并推测那里的甲烷水合物

储量为 7.4 万亿立方米，相当于日本国内 100 多年的天然气消费量。日本、美国、德国和加拿大政府着眼于商业化生产，将开始进行世界首例开采试验。

甲烷水合物由分子和甲烷组成，在海底深处接近零摄氏度的低温条件下稳定存在，融化后变成甲烷气体和水。

天然气方面的有关人士早在 20 世纪 30 年代就已经知道甲烷水合物的存在。60 年代有人发现西伯利亚的永久冻土下有大规模的甲烷水合物层。以此为契机，利用人工地震波的地质调查正式开始，南北极圈的永久冻土和日本近海、加勒比海沿岸等大陆沿岸海底的甲烷水合物

也相继被发现。据说,世界的甲烷水合物总储量(换算成碳)是石油、煤炭等所有石化燃料总量的 2 倍以上。

甲烷是细菌分解有机物和原油热解时产生的,燃烧时释放的二氧化碳只有石油等燃料的一半左右,因此甲烷水合物作为防止地球变暖的替代能源引起了关注。

资源匮乏的日本也积极致力于甲烷水合物的开发利用。政府从 1996 年度开始责成资源厅等有关部门展开调查,并确认了静风县御前崎海面下 2700 米的海底深处有甲烷水合物的存在。

但现在还缺乏行之有效的开采技术。如果不能保持高压、低温的状态,甲烷水合物在运往海面的途中会迅速融化。资源能源厅甲烷水合物开发研究委员会成员、东京大学教授松本良说:"水深 500 米的海底气温约为 5 摄氏度,1000 米的海底约为 10 摄氏度,甲烷水合物在这个温度范围也能保持稳定状态,但在海面的气压状况下,气温必须降至零下 80 摄氏度。"

要保持高压低温的条件将甲烷水合物以固体的形态运到海面需要巨额成本,去除混入甲烷水合物中的泥土和岩石也需要工夫。因此,将甲烷水合物汽化后开采被视为有效的方法。

要作为一种资源安全利用甲烷水合物,必须对地质、气象进行综合研究。

# 有机太阳能电池

德国多家科研机构最近宣布成功合作研制了以普通有机聚合物为核心的太阳能池。

目前的太阳能电池主要依靠硅或稀有金属合金制成的面板实现光电转换，其昂贵的价格妨碍了太阳能电池的普及。德国奥尔登堡大学、德累斯顿大学、弗劳恩霍夫太阳能研究所等科研机构发现，普通 PVc 聚合塑料颗粒就可以实现光电转换。

研究人员发现，当聚合塑料粒子受阳光照射的时候，真表面碳原子的电子振动明显加快，振幅加大，但返回碳原子轨道的速度却慢得多，这样在若干微秒的时段内就形成了"电子空穴对"。

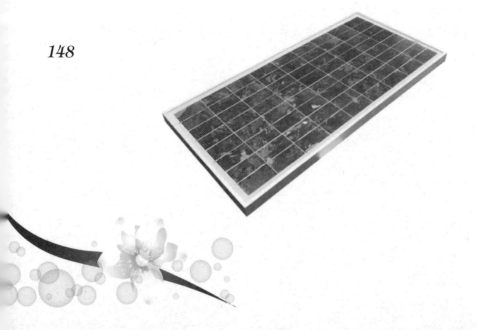

# 零点能

一位量子物理学家曾这样描述"零点能"："在自然界，完全真空就是没有任何东西，但真空中实际上是充满着忽隐忽现的粒子，它们的状态变化十分迅速，以至于无法看到。即使是在绝对零度的情况下，真空也在向四面八方散发能量。"顾名思义，"零点能"就是物质在绝对温度为零度下在真空中产生的能量。

著名物理学家海森伯

为什么在真空中会存在"零点能"呢?著名物理学家海森伯提出了"测不准原理"，认为"不可能同时知道同一粒子的位置和动量"。科学家们认为，即使在粒子不再有任何热运动的时候，它们仍会继续抖动，能量的情形也是如此。这就意味着即使是在真空中，能量会继续存在，而且由于能量和质量是等效的，真空能量导致粒子一会儿存在、一会儿消失，能量也就在这种被科学家称为"起伏"的状态中诞生。

从理论上讲，任何体积的真空都可能包含着无数的"起伏"，因而也就含有无数的能量。

早在1948年，荷兰物理学家亨德墨克·卡西米尔就曾设计出探测"零点能"的方法。

1998年，美国洛斯阿拉莫斯国家实验室和奥斯丁高能物理研究所的科学家们，用原子显微镜测出了"零点能"。科学家们宣称，宇宙空间是广袤无垠而又高度真空的，真空"起伏"蕴含着巨大能量。

也许，在21世纪，科学家将会给人类带来一个惊喜，宇宙空间将成为人类新的"能源基地"。可以说，宇宙将成为人类的"新油田"，会有无数的"钻井平台"漂浮在宇宙中，"钻取"真空中这种取之不尽的"零点能"，为人类未来生存和可持续发展提供新动力。

# 核技术发展

　　"九五"期间,核技术主要在 200 兆瓦核供热堆工程关键验证试验研究、核电仿真技术和同位素与辐射技术的研究方面进行了攻关,取得了很大的进展。200 兆瓦核供热堆工程关键验证试验研究,解决了一系列与核安全相关的关键技术设备,证明了 200 兆瓦核供热堆设计的合理性和安全可靠性,从而为第一座商用示范堆的建设和安全可靠运行打下了坚实的基础。核电仿真技术是核电技术的重要组成部分,模拟机是核电厂培训和考核操作人员的主要工具,也是运行分析与研究、操作规程制定与验证的基本手段。以设计、建造中的我国秦山第二核电厂600MW 核电机组为参考电站,首次开发成功 600MW 核电机组全范围模拟机,技术性能指标和质量均达到同类进口产品的水平,为国家节省外汇 1000 多万美元以上。我国同位素与辐射技术经过二十年的科技攻关已初步形成较为完整的体系,其产业规模达到年产值超过 200 亿元,总体已接近当今国际水平,某些技术已达到国际先进水平。

　　"九五"攻关中共取得 32 项科技成果,申请专利 22 项,批准 8 项(其中有一项母专利),开发新产品 69 个,获得新工艺 67 项,取得新材料 21种,推广成果 13 个,建立了 5 条生产线、3 个中试基地和 2 个生产基地,产生直接经济效益 3.5 亿元 / 年,间接经济效益将达到 80 亿元 / 年。在核无损检测技术与装备方面,由国家重点支持的"钴—60 大型集装箱检测技术及产业化研究"专题坚持走"产、学、研"相结合的路子,在四年的时间里,建成了具备年产 10 套检测装备能力的探测器车间和总装调试基地,并通过 ISO9001 的认证,已完全具备了批量生产或出口钴—60 集装箱检测系统的能力。到目前为止,海关已订货 48 台套,累计创产值 4 亿元。仅在福建马尾海关运行的 1 年时间里便查出 23 起走私大案,总案值超过千万元。该成果获国家技术发明二等奖。在辐射高分子材料研究方面,"九五"期间建立了年产 1000 吨的母料生产基地,采用十几种新工艺,开发出 30 几种新型高分子材料和新产品。尤其在开发辐射交联法制备超细全硫化粉末橡胶方面取得重大突破,已申请了制备技术的"母专利"。

由母专利派生的子专利多达 30 余项。现已申请中国专利 9 项,美国专利 1 项,国际 PCT 专利 1 项,制备了一吨粉末橡胶,并生产出 20 余吨粉末橡胶增韧尼龙(用于一次性电表箱的制造)。同位素辐射诱变技术在我国一直处于国际领先水平。利用该技术选育的品种由于具有高产、稳产、抗病、优质等突出特点,其中通过审定的 21 个突变品种(组合),已新增粮食 54.5 亿公斤,综合经济效益达 68.2 亿元。另外,育成品种的科研单位为繁种基地提供了原原种或原种,创直接经济效益 460 万元。目前,通过"九五"攻关,我国同位素与辐射技术已经渗透到各行各业,这项高新技术已开始造福于人类。

# 新能源探索

能源是国家经济发展人民生活水平提高的重要物质基础。随着全球经济的发展以及世界人口的增长,必将引起能源消费的继续增加。我国是以煤炭为主要能源的国家之一。据预测,未来二、三十年内我国以煤为主的一次能源还要有一个很大的发展。矿物能源的使用推动了社会的发

煤炭

展,但其资源却在日益耗尽;同时,矿物能源的使用也引起了日益严重的环境问题。从能源发展战略来看,人类必须寻求一条可持续发展的能源道路。可再生能源对环境不产生或很少产生污染,是未来能源发展的一个重要方面。核能作为一种清洁的能源,在"九五"规划和 2010 年远景发展纲要中,曾明确提出我国电力发展要因地制宜,水电、火电、核电相结合的方针,并提出了在能源短缺、经济发达的沿海地区,要适度加快核电的发展。"九五"科技攻关计划中,能源领域突破了一批重大关键技术,主要内容包括洁净煤、可再生能源、水电及输变电、核能和节能等

技术的研究开发,国家投入3.7亿元经费。洁净煤技术方面的研究包括:煤炭开采加工过程中的高效先进选煤及洗选加工关键技术、燃煤三联产技术、先进发电技术的研究和中试,如IGCC、PFBC等;可再生能源在风能、生物质能、太阳能等利用技术方面进行了积极的研究和开发,如大型风力发电机组的研制、生物质气化发电及太阳能空调系统等;水电及输变电方面,依托重大在建或拟建工程,如李家峡水电站、水布垭水电站、小湾、溪落渡工程等,解决了工程中的重大关键技术问题;核能技术方面,进行了600MW秦山二期核电机组全范围模拟机、200兆瓦核供热堆工程关键验证试验,以及同位素与辐射技术的研究;同时进行了建筑节能产品开发、产业化与工程示范的研究。

在组织部门和科技攻关人员的共同努力下,能源领域"九五"攻关计划的实施,以实现产业化为中心,为解决国民经济建设和社会发展的重大关键技术问题发挥了积极的作用,做出了重大贡献,取得了一批具有自主知识产权的创新性成果,推动了能源及相关领域高新技术的产业化发展。

# 开发再生能源

英国首相布莱尔3月6日发表讲话说，为了保护环境、抑制全球变暖效应、保障可持续发展，英国政府将大力促进环保型可再生能源的开发和利用。

布莱尔在世界自然保护基金会(WWF)的会议上宣布，

英国政府将从2003年至2004年开始，投入1亿英镑(约合1.46亿美元)

加速开发低成本、高效率、低二氧化碳排放量的新型能源，例如风能、潮汐能和太阳能等。

布莱尔宣布的其他措施还包括：提高企业利用能源的效率，鼓励企业在降低成本、使用环保技术等方面进行投资；鼓励和采取强制措施促进电力生产的环保化，到2010年各电力供应商必须至少有10%的电力来自可再生能源；实行一项耗资1.8亿英镑(约合2.63亿美元)的十年计划，实现交通基础设施的现代化，并改革车辆税收制度，以缓解交通阻

塞、减少污染,特别是减少二氧化碳排放。

布莱尔称,环保技术即将成为知识经济革命的下一次浪潮,一场"绿色工业革命"已经山雨欲来。他认为到 2010 年,全球环保产品和服务市场规模将达到 4400 亿英镑(约合 6420 亿美元)左右。

他说,英国近来的反常天气如南部地区的洪水、苏格兰地区 40 年未见的大雪等,与全球变暖现象有关,因此必须采取措施减少人类向大气中排放二氧化碳。

布莱尔的讲话受到政界和环保人士的普遍欢迎,不过也有一些环保组织认为这些措施还不够有力。有人认为,工党政府在此时出台上述计划,是为了替自己在可能于 5 月份举行的英国大选中争取环保主义者的选票。

# 燃料电池

当今能以工业规模生产的电力有火电、水电、核电等三种。而被誉为第四种电力的燃料电池发电,也正在美、日等发达国家崛起,以急起直追的势头快步进入能以工业规模发电的行列。燃料电池是一种化学电池,它利用物质发生化学反应时释出的能量,直接将其变换为电能。从这一点看,它和其他化学电池如锰干电池、铅蓄电池等是类似的。但是,它工作时需要连续地向其供给活物质(起反应的物质)——燃料和氧化剂,这又和其他普通化学电池不大一样。由于它是把燃料通过化学反应释出的能量变为电能输出,所以被称为燃料电池。

具体地说,燃料电池是利用水的电解的逆反应的"发电机"。它由正极、负极和夹在正负极中间的电解质板所组成。最初,电解质板是利用电解质渗入多孔的板而形成,现在正发展为直接使用固体的电解质。

工作时向负极供给燃料(氢),向正极供给氧化剂(空气)。氢在负极分解成正离子 $H^+$ 和电子 $e^-$。氢离子进入电解液中,而电子则沿外部电路移向正极。用电的负载就接在外部电路中。在正极上,空气中的氧同电解液中的氢离子吸收抵达正极上的电子形成水。这正是水的电解反应的逆过程。

利用这个原理,燃料电池便可在工作时源源不断地向外部输电,所以也可称它为一种"发电机"。

# 核能利用的安全性

利用核裂变发电，人们最担心的是它的安全性，因为它毕竟是有放射性的。核能利用的安全性，主要有两方面问题：一是核废料的处理，二是保证核反应堆安全运行不发生事故。由于核发电的历史已长达40多年，所以已经逐渐积累了一整套行之有效的方法，在正常情况下是可以保证安全的。40年来唯一一次灾难性事故是前苏联切尔诺贝利核电站事故。事故的原因一是设计上不合理，二是操作不正确。因此这类事故是可以避免的，而不是从原理上说必定会发生的。

使用后的核燃料便是核废料，由于它有强烈的放射性，所以特别需要加以注意。通常要先在水池中放几个月，以去除裂变生成物的衰减热，并使强烈辐射能得到衰减。然后将燃料棒切成小片，放在溶解槽中用硝酸溶液进行溶解，再从溶解液分离出铀和钚。无用的废弃物，按照其不同的放射性水平给以不同处理，通常要密封起来深埋。

158

在日常运转中，主要需注意核泄漏。核泄漏通常是由于燃料棒包皮破损，使放射性物质随冷却材料而泄漏出去。在轻水堆中，为了防止核泄漏，设有三道防线。第一道防线是要保证燃料棒包皮不被损坏。第二道防线是把包括附属设备在内的反应堆都放在压力容器内。第三道防线是把压力容器再密封起来。这样，即使有些核泄漏，也不会对外部产生影响。

# 未来石油何处觅

据美国一家权威石油杂志估计,世界石油储存量仅够今后60年之用。面对日益临近的石油危机,各国非常重视新能源的开发,并已成功地从自然界的一些物质中提取出了石油。目前,提取石油的新方法主要有以下几种。

从树木中提取,科学家发现,有些树在进行光合作用时,会将碳氢化合物存在体内,形成类似石油的烷烃类物质。如巴西的苦配巴树,只要在树干上钻个孔,一昼夜便可流出树液20余公斤,每隔40天可取一次。该树液只要稍作加工,便可当作柴油使用。这种方法已在一定范围内得到运用。

从花草中提取,据科学家的研究结果,含有碳氢化合物的花草遍布世界各地,如美国的黄鼠草、澳大利亚的樱叶藤已被用作提取石油。从煤炭中提取,英国科学家经过多年开发,在北威尔士修建了一座煤炼油厂,提取1吨石油用煤2.5吨。这种石油具有含硫量低、驱动力强、环境污染小等优点,但生产费用相当高。

从废液中提取,中国的科学工作者发明了一种从废液中提取石油的方法。他们将一些工业废液经过发酵、硝化、热裂、过滤、净化等过程,提取出碳氢化合物,从而获得石油。

从粪便中提取,加拿大安大略省有一家工厂,原料是粪便,产品却是柴油。其工序是先排干粪便的水分,再加热至450℃。使粪便起泡变成气体或灰色的碳状物,再把气体变为液体,从中提取柴油。

# 反应堆

　　热中子反应堆是一种安全、干净都达到要求的经济能源，在目前以及今后一段时间内它将是发展核电的主要堆型。

　　然而，热中子反应堆所利用的燃料铀235，在自然界存在的铀中只占 0.7％，而占天然铀99.3％的另一种同位素铀238却不能在热中子的作用下发生裂变，不

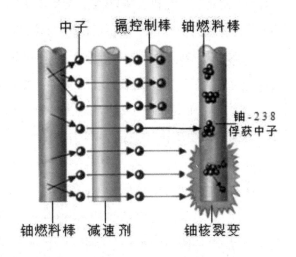

160

能被热中子堆所利用。自然界中的铀储量是有限的，如果只能利用铀235,再有 30 年同样会面临铀235 匮缺的危险。因此人们把取得丰富核能的长远希望,寄托在能够利用铀 235 以外的可裂变燃料上。于是,快中子增殖反应堆便应运而生。

　　如果核裂变时产生的快中子,不像轻水堆时那样予以减速,当它轰击铀 238 时,铀 238 便会以一定比例吸收这种快中子,变为钚 239。铀235 通过吸收一个速度较慢的热中子发生裂变,而钚 239 可以吸收一个快中子而裂变。钚 239 是比铀 235 更好的核燃料,由铀 238 先变为钚,再

由钚进行裂变,裂变释出的能量变成热能,运到外部后加以利用,这便是快中子增殖堆的工作过程。

在快中子增殖堆内,每个铀 235 核裂变所产生的快中子,可以使 12 至 16 个铀 238 变成钚 239。尽管它一边在消耗核燃料环 239,但一边又在产生核燃料钚 239,生产的比消耗的还要多,具有核燃料的增值作用,所以这种反应堆也就被叫做快中子增殖堆,简称快堆。

快堆使用直径约 1 米的由核燃料组成的堆芯, 铀 238 包围着堆芯的四周,构成增殖层,铀 238 转变成钚 239 的过程主要在增殖层中进行。堆芯和增殖层都浸泡在液态的金属钠中。因为快堆中核裂变反应十分剧烈,必须使用导热能力很强的液体把堆芯产生的大量热带走,同时这种热也就是用作发电的能源。钠导热性好而且不容易减慢中子速度,不会妨碍快堆中链式反应的进行,所以是理想的冷却液体。反应堆中使用吸收中子能力很强的控制棒,靠它插入堆芯的程度改变堆内中子数量,以调节反应堆的功率。为了使放射性的堆芯同发电部分隔离开,钠冷却系统也分一次回路和二次回路。一次回路直接同堆芯接触,通过热交换器把热传给二次回路。二次回路的钠用以使锅炉加热,产生 483℃左右的蒸气,用以驱动汽轮机发电。快中子增殖堆几乎可以百分之百地利用铀资源,所以各国都在积极开发,现在全世界已有几十座中小型快堆在运行,标志着快堆得到大量应用的日期已为时不远。

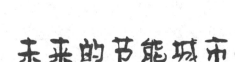

# 未来的节能城市

随着社会的国际化、信息化、高龄化的发展,人们的价值观、生活方式相应地发生着巨大的变化,对寻求一种富裕的生活模式的呼声也日渐高涨。目前,一些产业的节能对策已接近极限,而社会的各领域对能源的需求仍在不断增加。在此情况下,为了进一步推进节能运动,找到处理地球温暖化及城市"热岛"等问题的对策,进行城市能源资源结构的变革和建立高效的能源网络就成为一项不可或缺的工作。近来国际上逐渐产生了所谓节能城市的设想。

所谓节能环境共生城市,就是能够高效、充分地提高能源的利用效率,减轻周边环境负荷并与之相协调的一种城市模式。

要实现节能城市的构想就需要进行城市能源系统的优化和有关的关键技术的研究开发。在这样的城市能源系统中,依靠能源的多层利用而实现其高效率的发挥,通过热的输送和贮藏而使地区间的供求不均衡得到缓解。于是,从建筑物层次到地域层次,进而发展到由城市间的各层能源系统构成的能源相互利用的网络,这有可能从根本上实现系统的节能化。

节能环境共生城市的实现还需要以下的一些关键技术来开发:

(1)研究开发将个体建筑自我批评到城市间及产业部门等各层次中所排出的热加以有效回收和能源的变换技术。

(2)研究开发与不同的城市形态和能源系统的规模相适应的各种热

能输送技术以及比既往技术长几倍的输送距离的新技术。

(3)研究开发与城市内部的冷热需求相适应的蓄热技术和新的蓄热系统。

(4)研究开发与城市内部、产业部门中各种各样的热利用形态相对应的热利用技术。

(5)研究开发一种新的量测技术,能对优化控制和环境负荷效果做出精确的量测技术。

(6)研究开发有助于减轻公害,缓解周边环境的负荷,解决地球环境问题的城市能源系统的技术。

(7)研究开发与"系统评价"、"最优化设计和综合技术"、"与社会基础设施相适应的综合化技术"等相关的系统化技术。

在日本等国,已开始展开有关的关键技术的研究和对系统的调查。

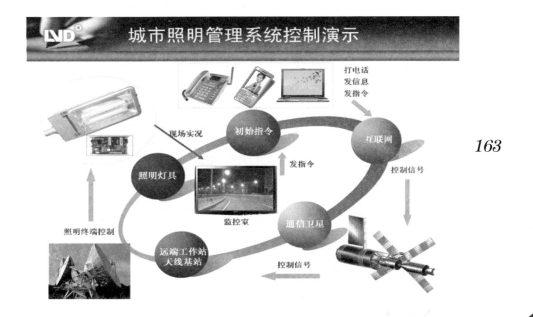

# 用不完的绿色能源

　　所谓人体能，即人体散发的能量，主要表现为机械能和热能。现在，人力在生产劳动中所占的比重已经越来越小。一代化的机器工具可以代替笨重的体力劳动，但是人的能量潜力是很大的，充分利用体能量仍然是科学研究的课题。

　　任何机械能都可以转换为电能，那么人体能量是怎样发电的呢？比如，用手摇发电机就能发电，只是这种方法太原始。能源专家想出一些好办法，在商场、饭店等公共场所的旋转门下的地下室里，安装了人体能量收集器，它相当于机械式钟表的发条，发条拧紧后，就会通过齿轮稳定恒速地释放能量。别小看每个人这举手之劳的能量，把这些能量加在一起则相当可观。该收集器和旋转门的转轴相连，通过旋转门的人越多，发条拧得越紧，积蓄的能量就越多。这样，当能量收集器中的发条释放能量时，就可以带动发电机发电。人群推门的机械能便通过发电机变成了电能。这些电能可直接使用，也可用蓄电池储存起来备用。

　　英国发明家还发明了用步行鞋发电的装置，将一种微型发电机安装在经过加工的普通鞋底中，人们行走产生的机械能便可转化为电能，这些电能足以为手机和笔记本电脑充电者，人体本身的重量是一种重力能。美国某公共交通公司，在行人拥挤的公共场所，安装一种脚踏发电装置，它上方有一排踏板，当行人脚踏踏板时，与踏板相连的摇杆从一个方向带动中心轴旋转，从而带动发电机发电。技术人员还将 20 块金属板铺在路面上,在每块板下放置一个储蓄循环水的橡皮容器。当人群或汽车通过以后,橡皮容器内的水压出去,产生高束水流,经过地下通往路边的发电机房,推动水轮机发电。在人群或水通过以后,橡皮容器又恢复到原状,水返回窗口准备再次受压。如此循环往复便能不断产生电流,当上百人或一辆 5 吨重的汽车通过时,可产生 7 度的电力。

　　人体是个约 37 摄氏度的恒温热源,也是可以利用的能量。据统计,一个体重 50 千克的人,一昼夜所散发的热量约为 2500 千卡,这些热量如果收集起来,可以将 50 千克的水,从 0 摄氏度加热到 50 摄氏度。科学家们还利用人体的热量制成温差电池,将人体的热量转换为电能。这种温差电池体积很小, 可放在衣服口袋里, 它发出的电能可以为助听器、微型收音机、袖珍电视机、微型发报机等供电。人体能源可以说取之不尽,用之不竭,又没有污染。我国人口众多,人体能源如果能得到广泛应用,其效益无疑很可观。

# 寻找新能源

　　美国的一个科学家小组乘坐"阿尔文"号(Alvin)潜水艇去远水区,去探寻蕴藏于海底的新能源。科学家们勘察的范围包括:气体水化物和微生物,以及强烈的深海洋风暴。本次勘察将会获得一些重要的科学数据,并且也许会找到这颗星球远古地质的线索,帮助解释如今这颗星球的气候模式,发现过去未被人类所知的未来能源形成的基本机理。

　　这次探险活动为期两个星期,2004年10月16日从得克萨斯州的加尔威斯顿出发,10月31日在佛罗里达州的基韦斯特岛结束航程。探险队由多学科的科学家组成,在墨西哥湾总共要进行14次潜水。

　　美国商务部官员诺曼·Y·民埃塔说:"就像哥伦布一样,他们为了寻找更多的财富去开辟新大陆。在墨西哥湾,探险员将潜入海底到达前人从未到过的深度,去发现人们从未见过的一切。"

　　科学家们感兴趣的关键区域是蕴藏着巨大的烃能源的海底。来自得克萨斯大学地球化学及环境研究组织的伊恩·R·麦克唐纳说:"地球上约有一半的化石碳变成了埋藏于大陆边的气体水化物。这次探险,将会在这一深度看到大量的海洋生物,并会为寻找在深水区探索石油资源的新策略做出贡献。"

# 太阳能电池

太阳能电池是通过光电效应或者光化学效应直接把光能转化成电能的装置。以光电效应工作的菁模式太阳能电池为主流，而以光化学效应工作的太阳能电池则还处于萌芽阶段。太阳光照在半导体 p-n 结上，形成新的空穴电子对。在 p-n 结电场的作用下，空穴由 n 区流向 p 区，电子由 p 区流向 n 区，接通电路后就形成电流。这就是光电效应太阳能电池的工作原理。

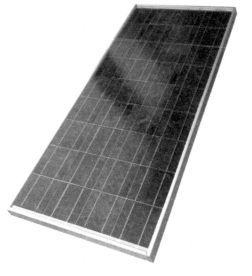

太阳能电池按结晶状态可分为结晶系模式和非结晶系模式(以下表示为 a-)两大类，而前者又分为单结晶形和多结晶形。

按材料可分类硅薄膜形、化合物半导体薄膜形和有机薄膜形，而化合物半导体薄膜形又分为非结晶形(a-Si:H:a-Si:H:F:a-Six:Gel-x:H 等)、ⅢⅤ族(GaAs,InP)、ⅡⅥ族(cds 系)和磷化锌($Zn_3P_2$)等。

# 未来核能之光

1942 年 12 月 2 日,在美国芝加哥大学体育场西看台底下的一个网球厅内,著名科学家恩里科·费米领导一批科学家,聚精会神地操纵着一座由 40 吨天然铀短棒和 385 吨石墨砖构成的庞然大物。下午 3 点 25 分,启动运行成功。

这个庞然大物,就是世界上第一座人工核反应堆。虽然从反应堆发出的功率只有 0.5 瓦(后来达到 200 瓦),还不足点亮一盏灯,但其意义非同小可,它标志着人类从此进入了核能时代。

核能是通过原子核发生反应而释放出的巨大能量。核能包括核裂变能与核聚变能两种。目前工业上大规模应用的是核裂变能。

电子是 19 世纪末英国物理学家汤姆逊发现的,质子是 1914 年物理学家卢瑟福发现的,中子是英国物理学家查德威克 1932 年在用氦原子核(又叫 α 粒子)轰击铍原子发生的核反应中发现的。我国物理学家在粒子物理领域做出了重要贡献:赵忠尧发现了正反粒子湮没现象,张文裕首先观测到原子和 μ 介子辐射,王淦昌发现了反西格马负超子。

1896 年,法国物理学家贝克勒尔通过大量实验,发现铀会无休止地放出看不见的神秘射线,铀所具有的这种神奇本领,就叫放射性。

放射性的发现,引起大科学家居里夫人的极大注意。她经过四年的苦战,终于在 1902 年,从几十吨沥青铀矿中提炼出了不到 0.1 克的另一种放射性元素镭。天然放射性元素放出三种看不见的射线,它们是 α

仅射线,即氦原子核;β 射线,即高能电子;γ 射线,即高能光线。射线是可以防护的,对不同的射线可以采用不同的防护方法,例如用一张纸就可以挡住 γ 射线。

在居里夫人发现镭以后不久,物理学家卢瑟福就指出,放射性元素在释放看不见的射线后,会变成别的元素,在这个过程中,原子的质量会有所减轻。那么,这些失踪了的质量到哪里去了呢?大科学家爱因斯坦 1905 年在提出相对论时指出,物质的质量和能量是同一事物的两种不同形式,质量可以消失,但同时会产生能量。两者之间有一定的定量关系:转化成的能量 E 等于损失的质量 m 乘以光速 c 的平方,$E=mc^2$。极小量的质量可以转化为极大的能量。当较重的原子核转变成较轻的原子核时会发生质量亏损,损失的质量转换成巨大的能量,这就是核能的本质。

1938 年,德国科学家奥托·哈恩和他的助手斯特拉斯曼在法国科学家约里奥一居里夫人的实验基础上,发现了核裂变现象。他们发现,当中子撞击铀原子核时, 一个铀核吸收了一个中子可以分裂成两个较轻的原子核,在这个过程中质量发生亏损,因而放出很大的能量,并产生两个或三个新的中子。这就是举世闻名的核裂变反应。在一定的条件下, 新产生的中子会继续引起更多的铀原子核裂变,这样一代代传下去,像链条一样环环相扣,所以科学家将其命名为链式裂变反应。这一定的条件包括:第一,铀要达到一定的质量,叫做临界质量;第二,中子的能量要适当,一般是能量为 0.025 电子伏的"热中子"。

1946 年, 在法国居里实验室工作的我国科学家钱三强、何泽慧夫妇,发现了铀核的"三裂变"、"四裂变"现象,即铀原子核在中子的作用下,除了可以分裂为两个较轻的原子核外,还可以分裂为三个、甚至四个更轻的原子核,只是发生的可能性很小罢了。

只有铀 –233、铀 –235 和钚 –239 这三种元素的原子核可以由"热中子"引起核裂变，它们称为易裂变元素，其中只有铀 –235 存在于自然界，铀 –233、钚 –239 分别是由自然界中的钍 –232、铀 –238 吸收(俘获)中子后生成的。在天然铀中，铀 –235 只占 0.7%，剩余的 99.3% 几乎全是铀 –238。

链式裂变反应释放的核能叫做核裂变能。如果加以人为的控制，在铀的周围放一些强烈吸收中子的"中子毒物"(主要是硼和镉)，使一部分中子还没有被铀核吸收引起裂变，就先被"中子毒物"吸收了，这样就可以使核能缓慢地释放出来。实现这种过程的设备叫做核反应堆。

核能是 20 世纪出现的新能源，核科技的发展是人类科技发展史上的重大成就。核能的和平利用，对于缓解能源紧张、减轻环境污染具有重要的意义。我国十分重视核能的开发利用，在国家高技术研究发展计划(863 计划)中，能源领域研制开发三种先进反应堆，它们是快中子堆、高温气冷堆、聚变—裂变混合堆。目前，核裂变能已经为人类提供了总能耗的 6%。而当将来利用氢原子核的聚变反应产生的核聚变能得到工业应用后，人类将从根本上解决能源紧张的问题。核聚变能是两个氢原子核结合在一起时，由于发生质量亏损而放出的能量。核聚变的原料是海水中的氘(重氢)。早在 1934 年，物理学家卢瑟福、奥利芬特和哈尔特克就在静电加速器上用氘—氘反应制取了氚 (超重氢)，首次实现了聚变反应。尽管海水里的氘只占 0.015%，但由于地球上有巨大数量的海水，每升海水中所含的氘通过核聚变反应产生相当于 300 升汽油燃烧所放出的能量，所以可利用的核聚变材料几乎是取之不尽，用之不竭的。这些氘通过核聚变释放的聚变能，可供人类在很高的消费水平下使用 50 亿年。而且，核聚变能是更为清洁的能源。当前，科学家正在为此而不懈地努力。

# 液体燃料

　　全球知名的技术集团 ABB 宣布在北京清华大学和天津大学建造两个温室气体化学实验室,他们将转让约 150～200 万美元的设备,及派出相关的科研人员,以帮助中国提高技术水平以减低日益严重的环境污染问题,尤其是在能源、工业及运输业领域所造成的温室废气排放。

　　在位于瑞士的 ABB 研发中心指导下,该课题初期将主要就催化等离子体转化温室气体合成高品质液体燃料等相关问题展开深入研究。二氧化碳是困扰地球的主要温室气体,而中国因为燃煤等因素,有可能成为排放二氧化碳最多的国家之一,因此,研究通过某些技术把二氧化碳转化成为高品质的液体燃料,将是既消除污染又增加能源的、有利而无害的好事。

液体燃料

　　8 年前,ABB 签署了《ICC 可持

续发展商业公章》。在国际能源组织(IEA)的温室气体研究及发展项目中，ABB 代表瑞士作为该机构的成员积极参与其中的工作。在世界能源理事会 (WEC)的上届国际会议上，ABB 总裁兼首席执行官林道先生介绍了一个全球性的项目，旨在世界每年减少 10 亿吨的温室废气排放。而此次与中国科学家的合作是推进该项目的一个重要步骤。

ABB 集团执行副总裁兼执行委员马库斯·白业功先生说："ABB 非常关注全球气体变暖这一世界性的问题，并清楚地意识到，未来全人类在减少温室气体排放方面将面临着巨大的挑战。"

ABB 在未来的 10 年中，将大力发中国市场，并使之成为全球的三大市场之一。在研发方面，1999 年，ABB 公司投入了数亿美元，占营业额的 8%。ABB 的经费投入重点不仅满足今的技术上的需要，通讯、电力系统、制造技术都是重点投入领域，现逐渐转型向高新技术、微电子、纳米、无线电技术等，传统 ABB 中心，7 个在欧洲，3 个在美国，而现在在明显东移。

# 21 世纪的能源

　　要使得人类社会实现可持续发展,不实现人口的稳定是行不通的。1972 年罗马曲线报告的人均国民生产总产值和出生率的关系图告诉人们,要达到一定生活水准的社会,出生率需要达到人口稳定的年间,平均每 1000 人口出生数为 20 人以下。并可看出,1986 年人口稳定的人均国民生产总产值需要达到 1500 美元 / 年, 一般人均国民生产总产值与人均年间能源消费量成正比关系。根据此关系,93 年度日本环境要览(古今书院)统计出人口稳定的人均年间消费是按石油换算,约为 1.5 ~ 2.5kl。因此美国现任副总统柯尔公开表明,为了稳定人民生活的能源和教育稳定人口是必要的。显然,实现可持续发展的社会,必须具有持续可能的能源,面向 21 世纪,开发代替化石燃料的新能源是迫在眉睫的大事。

　　作为 21 世纪的新能源,需要具备哪些条件呢?我们认为其基本条件包括下面的四个方面:

　　(1)应是可持续的永久性能源;

　　(2)应是不给地球环境增加负荷的能源;

　　(3)应是生产量能达到供应人均年间 1.5 ~ 2.5kl(按石油换算)程度的能源;

　　(4)应是价格上大幅度超过现在化石燃料的价格;

　　另外有人更清楚地认定 21 世纪的新能源也应是代替石油的液体

燃料。如果这也被定义为21世纪能源的必要条件的话，可能只能发展生物能了。以汽车为首的现有的机器，虽然靠石油驱动，但随着燃料电池等现代化新技术的发展，既有的液体燃料机器的概念也会随之发生变化，在上述的条件当中，我们可以认识到再生能源是能够成为21世纪能源的一个必要条件。

所谓再生能源，是指不随本身的变化或被利用而日益减少的能源如风能、海洋能、地热能、太阳能、热核受控核聚变能和生物能。它们可以从自然界源源不断地得到补充。与其相反，非再生资源的化石燃料、核燃料是随着被人类利用而逐渐减少的能源，特别是化石燃料将面临着枯竭的危机。

# 神奇的"氦电"

　　"氦电"是一种从氦元素和它的同位素中获取的电能，是一种大有希望的新型能源。

　　1868 年，法国天文学家詹逊观测日食的时候，在日冕光谱中发现了氦。这种稀有气体，充斥在宇宙空间大气层中。它无色无味，在空气中大约占整个体积的 0.0005％，密度只有空气的 1/7.2，是除了氢以外密度最小的气体。别看氦的数量少、密度小，但它的本领可不一般。能够应用于填充霓虹灯、电子管、飞艇和飞船，也可用于原子反应堆和加速器，冶炼和焊接金属时还可以用作保护气体。

　　当夜晚走过繁华闹市的时候，五颜六色的霓虹灯会使人感到进入一个神奇的境地，而氦在里面发挥了重要的作用。在玻璃细管中充入氦，经过通电激发产生能量，从而能够发出浅红色的光。此外，以氦、氖为工作介质，能够制成氦—氖激光器，在激光技术运用中发挥重要的作用。在对某些金属进行焊接加工的时候，往往还要请氦来充当保护气。比如人们常见的金属铝，在遇到高温的情况下，跟周围的空气很容易发生氧化反应而生成氧化铝，所以，对其进行焊接十分困难。如果在铝的周围用氦保护起来，使铝脱离与空气的接触，再来焊接就会很容易进行。

　　人类社会进入 20 世纪 90 年代之后，科学家利用氢的同位素氘和氚进行控制性反应，取得突破性的进展。作为这种受控热核反应重要的元素氚,在自然界中并不存在,需要从核反应中获取。因此,美国科学家提出一个以氦的同位素氦－3代替氚的新设想。这样,受控热核反应装置既不存在放射性,又可以利用氚反应的体积小,结构简单,造价也低;现在,人类探测到月球表面覆盖着的一层由岩悄、粉尘、角砾岩和冲击玻璃组成的细小颗粒状物质。这层月壤富含由太阳风粒子积累所形成的气体,如氢、氦、氖、氩、氮等,这些气体在加热到700℃时,就可以全部释放出来,其中,氦－3气体是进行核聚变反应发电的高效燃料,在月壤中的资源总量可以达到100～500万吨。另据计算,从月壤中每提炼出一吨氦－3。还可以获得约6300吨氢气、700吨氮气和1600吨含碳气体($CO$、$CO_2$)。所以,通过采取一定的技术措施来获得这些气体,对于人类得到新的能源和维持永久性月球基地十分必要。

随着航天技术发展,科学家已设计出一种装置来收集月壤中的氦－3,经试验证实,利用氚和氦－3的热核聚变反应是最理想的一种核聚变反应,它转换为电能的效率最高,而产生的放射性最低。如果今后每年能够从月壤中开采1500吨氦－3,就能够满足世界范围内的能源需要。若再考虑到其他星球上的氦－3,那么,利用氦能发电的前景将是无比乐观的。

# 垃圾发电

垃圾即废物,本来是不能与能源或矿藏画等号的。不错,从生态环境角度讲,垃圾是污染源,但从资源方面看,垃圾也许是地球上唯一的不断增长的可再生资源。废物利用,变废为宝,垃圾发电将大有作为。

我国是世界上的垃圾资源大国。前不久召开的"全国城市生活垃圾处理及资源化利用经验交流会"宣布,我国城市人均每年"生产"垃圾440公斤。1997年,全球"制造"垃圾5亿吨,我国占1.3亿吨。在许多地区,垃圾堆积成山,不仅占用大量土地,也影响城市环境与观瞻,污染空气,也为各种菌毒、蚊蝇提供理想的栖身繁衍场所,间接地危害人的身心健康。可见,中国的垃圾问题亟待解决。面对垃圾泛滥成灾的状况,世界各国的专家们已不仅限于控制和销毁垃圾这种被动"防守",而是积极采取有力措施,进行科学合理的综合处理利用垃圾。有些国家政府甚至将垃圾利用作为维系经济持续发展的"第二资源"。

从20世纪70年代起,一些发达国家便着手运用焚烧垃圾产生的热量进行发电。欧美一些国家建起了垃圾发电站,美国某垃圾发电站的发电能力高达100兆瓦,每天处理垃圾60万吨。现在,德国的垃圾发电厂每年要花费1千亿美元,从国外进口垃圾。据统计,目前全球已有各种类型的垃圾处理工厂近千家,预计3年内,各种垃圾综合利用工厂将增至3千家以上。科学家测算,垃圾中的二次能源如有机可燃物等,所含的热值高,焚烧2吨垃圾产生的热量大约相当于1吨煤。如果我国能将垃圾充分有效地用于发电,每年将节省煤炭5千万~6千万吨,其"资源效益"极为可观。

垃圾发电之所以发展较慢,主要是受一些技术或工艺问题制约。比如发电时燃烧产生的剧毒废气长期得不到有效解决。日本去年推广一种超级垃圾发电技术,采用新型汽熔炉,将炉温升到500℃,发电效率也由过去的一般10%提高为25%左右,有毒废气排放量降为0.5%以内,低于国际规定标准。当然,现在垃圾发电的成本仍然比传统的火力发电高。专家认为,随着垃圾回收、处理、运输、综合利用等各环节技术不断发展,工艺日益科学先进,垃圾发电方式很有可能会成为最经济的发电技术之一。从长远效益和综合指标看,将优于传统的电力生产。尤其是作为"绿色"技术,垃圾发电的环境效益、社会效益等都是无形的、巨大的。

我国的垃圾发电刚刚起步,但前景乐观。我们丰富的垃圾资源,其中有极大的潜在效益。现在,全国城市每年因垃圾造成的损失约近300亿元(运输费、处理费等),而将其综合利用却能创造2500亿元的效益。现在,上海等城市已开始建造垃圾发电厂。武汉市也与荷兰、美国、加拿大等达成协议,由外商投资在武汉兴建垃圾处理场和发电站,用于发电或生产管道煤气。建造垃圾处理或发电厂,将启动"垃圾新产业",并带动其他许多相关产业的发展和劳动就业率的提高。完全有理由期待:垃圾将为人们造福。

# 原子能化石燃料

核动力是利用铀–235(或钚–239)的原子核,在中子轰击下发生裂变,同时释放出核能,将水加热成蒸汽,驱动发电机组,发出电来作为动力。由于核动力的燃料是核燃料(铀或钚),相比于煤或石油的优点是无空气污染,无漏油等问题。它的唯一缺点是存在放射性污染,因此为了保证安全,要求由反应堆所产生的放射性废物应与环境隔离,不让它进入生态环境。美国 70 年代初期,大部分放射性废物均存贮在几个容积为 2400 米$^3$ 的大钢槽中,由于辐射内热而造成沸腾现象,因而需要经常冷却和搅拌。显然,这种贮存方法只是短暂的权宜之计。由反应堆排出的放射性废物进行最终处理时,究竟应存贮于何处,多年来已提出各种建议,但至今尚未完全解决。目前国内外公认比较好的处理技术是深部地层埋藏,即将燃烧完的放射性废物进行玻璃固化后,冷却 30~50 年,然后将其埋藏于数百米深的岩层中。

如放射性废物深部地层处置示意图所示, 首先在深部岩层中开挖洞室,将玻璃固化体装入不锈钢容器内, 然后把容器放入洞室中, 周围填充膨润土材料进行密闭,阻止万一情况下发生的放射性物质向周围的扩散和转移

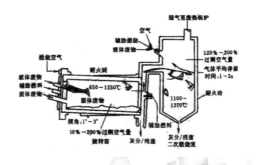

# 锂离子二次电池

锂二次电池是 20 世纪 90 年代新发展起来的绿色能源。也是我国能源领域重点支持的高新技术产业,以其高可逆容量、高电压、高循环性能和高能量密度等优异性能而备受世人青睐,被称为 20 世纪的主导电源, 其应用领域不断扩大, 且前已由 3C 市场(Consume, Copeod Communicabo)扩大至 4THC(CORD‒ LESSTOOLS,无绳工具)市场。迅速对电池市场发起冲击,大有独占天下之势,产值也多达 30 多亿美元。因此, 作为锂二次电池负极材料的中间相沥青炭微球必将随着理二次电池业的兴旺而更具光明的前景。

所谓中间相沥青炭微球, 就是沥青类有机化合物经液相热缩聚反应形成的一种微米级的各向异性球状炭物质,具有密度高、强度大、表面光滑和结构上呈层状有序排列等特点, 是锂离子二次电池负极的首选材料。

另外,这种中间相炭微球由于其自身烧结性,因而可不加任何填料而直接制造高密高强的各向同性炭块,其力学性能、抗摩擦性能及各向异性指标均优于普通炭块; 同时可将多种有机官能团引入球体表面而作为离子交换或高效液相色谱往的填充材料; 还有炭微球经过适当的活化处理后, 可容易地制得比表面积大约 4000M/& 的超级活性炭材料(其比表面积和吸附能力远远超过现有任何活性炭物质, 如活性炭纤维和球状活性炭等),而且这种活性炭材料具有某些分子筛的性质,发达的微孔结构，既具有可控制的粒径分布，又具有高孔隙体积和高吸附容量，不但可以作为催化剂的载体材料及高级吸附材料，而且还叫可在临床医学上用作血液过的剂及天然气汽车的储藏甲烷材料等，应用领域极为广阔。

尽管日本已于 20 世纪 80 年代末就实现了中间相沥青炭微球的产业化生产，但仍存在着效率低、球形度差、制备工艺复杂等缺陷，尤其是目前将中间相沥青炭微球作为锂二次电池电极材料使用时，都要进行 2800℃石墨化处理，这无疑大大提高了中间相沥青炭微球的制备成本，极不利于广泛的使用。因此，如何改进工艺、降低制造成本和提高性能，成

锂离子二次电池

了当今中间相沥青炭微球研究的主要发展趋势。

针对目前国内外中间相沥青炭微球制备中普遍存在的问题，北京化工大学以独到的、具有创新的技术，以精制石油渣油为原料合成及提取工艺获得的球形度好、效率高达 22～45％的中间相沥青炭微球，后经低温炭化(600～1000℃)和表面改性处理，得到适于锂离子二次电池使用的负极材料，其出电容量可达到 300～400MAH/& 吨，首次循环效率高达 90～95％以上，优于国外石墨化产品性能，低温炭化及表面改性方法处于国内外领先地位。日前已通过国家石油和化学工业局的技术鉴定，形成了自己的独立知识产权，为锂离子二次电池应用中间相沥青炭微球在我国的大规模廉价生产奠定了良好的技术基础。

# 开发再生能源

　　为促进欧盟减少温室气体排放指导计划的通过和实施，法国政府决定率先采取措施，在全国范围内大力发展再生能源工业，对开发再生能源的企业予以财政补贴，帮助它们开拓市场，争取用 10 年时间，将法国再生能源发电比例从目前占全国发电总量的 12% 提高到 2010 年的 20% 左右。

　　2004 年 5 月 10 日，欧盟草拟了一项减少温室气体排放的指导性计划，建议 15 国到 2010 年时将再生能源的发电比例从目前占发电总量的 13.9% 提高到 22.1%，并将不包括水力发电的再生能源发电比例从目前的 3.2% 提高到 12.5%。

风能发电图片

法国总理若斯潘在近日举行的全国第二届再生能源大会上表示，法国将于今年下半年担任欧盟轮值主席国，在此期间，法国政府将尽一切可能使欧盟 15 国

研究并通过这一指导性计划，以实现欧盟在日本京都议定书中有关减少温室气体排放的承诺。他强调说，与欧盟其他国家相比，法国在利用再生能源发电方面已经大大落后了，为此，法国政府将在全国范围内扶持和发展再生能源工业，鼓励开发和利用风能、太阳能、地热、垃圾焚烧等各种再生能源发电，缩小现有核能、煤炭、石油和天然气等能源的发电比例，保护环境，减少温室气体排放。

　　法国专家在会议上表示，法国的水力资源已经得到很大程度的开发，开发潜力有限。他们认为，法国只有从开发其他再生能源入手，才能完成这一目标。如法国的风能资源仅次于英国，占欧盟同家中的第二位，而法国目前的风能年发电只为 20 兆瓦，远远低于德国、丹麦和西班牙等国。他们希望在未来 10 年里，法国能将风能的年发电量增加到 3000 兆瓦。